水稻病虫害绿色防控彩色图谱

吕仲贤 主编

中国农业出版社
北 京

内容提要

本书以图文并茂的形式对水稻主要病虫害及其绿色防控技术进行了介绍，有助于水稻病虫害知识的普及和绿色防控技术的应用与推广。全书共分上、下两篇，上篇主要介绍水稻主要病害、水稻主要害虫，下篇主要介绍绿色防控技术。其中水稻主要病害包括稻瘟病、纹枯病、白叶枯病、细菌性基腐病、稻曲病、穗腐病等6种真（细）菌性病害和水稻条纹叶枯病、水稻黑条矮缩病、南方水稻黑条矮缩病、水稻矮缩病等4种病毒性病害；水稻主要害虫包括褐飞虱、白背飞虱、灰飞虱、稻纵卷叶螟、二化螟和大螟等6种害虫；绿色防控技术包括隔离育秧、低茬收割和灌水杀蛹、种养结合、减肥控害、灯光诱杀、性信息素诱杀、香根草诱杀、人工释放赤眼蜂、生物农药使用、生态工程控制水稻害虫、科学用药等11项技术。可供从事水稻病虫害研究与应用的科技工作者、各级植保技术人员、农业管理部门人员、农林院校师生、农民等相关人员学习参考。

编写人员名单

主　　编　吕仲贤

副 主 编　田俊策　王国荣　周小军

编写人员（按姓氏笔画排序）

王国荣　王艳丽　王教瑜　毛雪琴

田俊策　吕仲贤　杨亚军　邱海萍

张　震　周小军　周益军　郑许松

徐红星　黄世文　傅　强　鲁艳辉

前 言

水稻作为我国最为重要的粮食作物，常年的种植面积可达3 000万公顷，占全国谷物种植面积的30%，产量约占全国粮食总产量的37%。生物灾害是影响中国水稻稳产、高产的重要因素之一。全国每年因水稻病虫害为害造成产量损失400万～500万吨。而目前对水稻病虫害以化学防治为主，但化学农药大量、不合理的施用，往往杀死大量天敌，并导致害虫再猖獗、抗药性产生和食品安全等问题。

近年来，在“绿色植保，公共植保”方针的指导下，国内科研人员围绕水稻病虫害的绿色防控技术开展了许多研究工作。本书在总结前人研究成果的同时结合作者最近的研究结果，主要介绍水稻主要病害、水稻主要害虫、绿色防控技术等内容。其中水稻主要病害包括稻瘟病、纹枯病、白叶枯病、细菌性基腐病、稻曲病、穗腐病等6种真（细）菌性病害和水稻条纹叶枯病、水稻黑条矮缩病、南方水稻黑条矮缩病和水稻矮缩病等4种病毒性病害；水稻主要害虫包括褐飞虱、白背飞虱、灰飞虱、稻纵卷叶螟、二化螟和大螟等6种害虫；绿色防控技术包括隔离育秧、低茬收割和灌水杀蛹、种养结合、减肥控害、灯光诱杀、性信息素诱杀、香根草诱杀、人工释放赤眼蜂、生物农药使用、生态工程控制水稻害虫、科学用药等11项技术。

本书以图文并茂的形式对水稻病虫害及其绿色防控技术进行了介绍，有助于水稻病虫害知识的普及和绿色防控技术的应用与推广，可供从事水稻病虫害研究与应用的科技工作者、各级植保技术人员、农业管理部门人员、农林院校师生、农民等相关人员学习参考。

本书的出版得到国家水稻产业技术体系（CARS-01）、国家重点研发计划专项（2016YFD0200800）和浙江省重大科技专项（2015C02014）的资助。中国农业出版社对本书的出版也给予了大力支持。在此一并表示衷心的谢意。

由于时间仓促，书中难免存在错误或疏漏之处，敬请读者批评指正。

编　者

2019年9月

目　录

上　篇
水稻主要病虫害

水稻主要病害

稻　瘟　病

分布与危害：稻瘟病又名稻热病、火烧瘟、叩头瘟、吊颈瘟，是水稻重要病害之一，在我国各稻区均有发生，由稻梨孢侵染引起，其中以叶部、穗部发生为多，发生后可造成不同程度减产，尤其穗颈瘟或节瘟发生早而重，可引起水稻大幅度减产，严重时减产40%～50%，甚至颗粒无收。

症状：主要为害叶片、茎秆、穗部。因为害时期、部位不同分为苗瘟、叶瘟、节瘟、穗颈瘟、谷粒瘟。苗瘟发生于3叶前，由种子带菌所致。发病初期叶上产生暗绿色或褐色小斑，渐扩大为梭形斑，常有延伸的褐色坏死线。病斑中央灰白色，边缘褐色，外有淡黄色晕圈，叶背有灰色霉层，病斑较多时连片形成不规则大斑。叶瘟在整个生育期都能发生，分蘖至拔节期为害较重。节瘟常在抽穗后发生，初在稻节上产生褐色小点，后渐绕节扩展，使病部变黑，易折断，发生早的形成枯白穗，仅在一侧发生的造成茎秆弯曲。穗颈瘟发病初期在穗颈上形成褐色小点，发展后使穗颈部变褐，也造成枯白穗，发病晚的造成秕谷，枝梗或穗轴受害造成小穗不实。谷粒瘟使谷粒表面产生褐色椭圆形或不规则斑，可使稻谷变黑，有的颖壳无症状，护颖受害变褐，使种子带菌。

稻瘟病症状（毛雪琴提供）
1.苗瘟　2.叶瘟　3.穗颈瘟

大田苗期叶瘟症状（黄世文提供）

穗颈瘟症状（黄世文提供）

病原：稻瘟病由真菌稻巨座壳（*Magnaporthe oryzae*）引起，其无性世代为稻梨孢（*Pyricularia oryzae*）。

流行规律：病菌以分生孢子和菌丝体在稻草和稻谷上越冬。翌年产生分生孢子借风雨传播到稻株上，萌发侵入寄主向邻近细胞扩展发病，形成中心病株。病部形成的分生孢子借风雨传播进行再侵染。播种带菌种子可引起苗瘟。适温高湿，有雨、雾、露存在时有利于发病。阴雨连绵、日照不足或时晴时雨，或早晚有云雾或结露，病情扩展迅速。品种抗性因地区、季节、种植年限和生理小种不同而异，一般籼型品种抗性优于粳型品种。

防控技术：

（1）农业防治：①因地制宜选用抗病品种：根据本地区气候条件选用2个以上抗病品种，并适时进行品种轮换，避免同一品种长时间大范围种植。②消灭越冬菌源：稻瘟病菌主要在稻草和种子上越冬，妥善处理越冬稻草，不能将带病的稻草直接还田或用作催芽保温，以免将病菌带入稻田；带菌的种子要进行药剂浸种处理。③加强栽培管理：旱育壮秧、稀植栽培、配方施肥、浅水灌溉等栽培措施，可减轻稻瘟病的发生。

（2）化学防治：①种子处理：浸种消毒处理能消灭种子表面携带的各种病菌，降低种子带菌率，预防或减轻苗期病害发生，可选用25%咪鲜胺乳油等。②农药防治：秧田期出现苗瘟，应在发病初期及时扑灭发病中心。在水稻分蘖期至孕穗期，叶片初见叶瘟病斑或出现急性病斑时，应及时喷药防治，控制发病中心。对稻瘟病常发区和感病品种，一定要掌握防重于治的原则，全面进行药剂预防，掌握在破口始穗初期喷第1次药，齐穗期再喷第2次药，如生长嫩绿、多肥贪青、叶片上有新病斑出现和多雨多雾地区，于灌浆期再防治1次。可选用的药剂有75%三环唑可湿性粉剂、40%稻瘟灵乳油、25%咪鲜胺乳油和2%春雷霉素水剂等。

（3）生物防治：1 000亿个芽孢/克枯草芽孢杆菌可湿性粉剂、4%春雷霉素可湿性粉剂对水稻穗颈瘟有一定的防效，可作为绿色稻米安全防病的选择药剂。

水稻纹枯病

分布与危害：水稻纹枯病又称云纹病、花足秆、烂脚瘟、眉目斑等，是水稻生产上的主要病害之一，多在高温、高湿条件下发病。我国各稻区均有分布，但以长江以南稻区发生普遍，早、中、晚稻皆可发生，引起结实率和千粒重显著降低，甚至植株倒伏枯死。导致减产10%～30%，发生严重时，减产超过50%。

症状：水稻苗期至穗期均可感病。叶鞘染病，在近水面处产生暗绿色水渍状小斑，渐扩大为椭圆形或云纹形，边缘暗褐，中部组织破坏呈半透明状，灰绿或灰褐色，湿度低时中部淡黄或灰白色。发病严重时，多个病斑融合形成大病斑，呈不规则云纹状，常导致叶片发黄枯死。叶片染病，病斑也呈云纹状，边缘发黄，发病快时病斑呈污绿色，叶片迅速腐烂。茎秆受害，症状似叶片，后期呈黄褐色，易折。穗颈部受害，初为污绿色，后变灰褐色，常导致无法抽穗，抽穗的秕谷较多，千粒重下降。

水稻纹枯病急性病斑典型症状（黄世文提供）

水稻纹枯病症状（黄世文提供）

高温条件下病斑上产生一层白色粉霉层。湿度大时，病部长出白色网状菌丝，后汇聚成白色菌丝团，形成菌核，菌核深褐色，易脱落。茎基部云纹形病斑和菌核是判断纹枯病的主要特征。

病原： 病原菌无性阶段为立枯丝核菌（*Rhizoctonia solani*），属担子菌无性型丝核菌属真菌，有性阶段为瓜亡革菌（*Thanatephorus cucumeris*），属担子菌门亡革菌属真菌。

流行规律： 水稻收割时落入田间的菌核是翌年或下季的主要初侵染源。春耕浇水耕耙后，菌核与浮屑等杂物混在一起漂浮到水面上，插秧后随水漂流黏附于稻株基部叶鞘上，随着分蘖和丛茎数增加，稻株茎部黏附的菌核数量不断增加。在适温高湿条件下，菌核萌发长出菌丝，菌丝在叶鞘上延伸并从叶鞘缝隙进入叶鞘内侧，形成附着胞，通过气孔或直接穿透表皮侵入。潜育期少则1～3天，多则3～5天，潜育期过后出现病斑。病斑上产生的气生菌丝接触到邻近稻株造成再侵染，病部形成的菌核落入田中随水漂浮，也可进行再侵染，造成病害在稻丛间蔓延。由于菌核随水传播，受风的影响多集中于下风向的田角，当田面不平时，菌核较多地集中于低洼处，因而在这些地方往往发病较重。

防控技术：

（1）农业防治：①减少菌源：每季大面积打捞菌核，带出田外深埋。②选用良种：在注重高产、优质、熟期适中的前提下，宜选用分蘖能力适中、株型紧凑、叶型较窄的水稻品种；以降低田间荫蔽度、增加通透性及降低空气相对湿度、提高稻株抗病能力。③合理密植：水稻纹枯病发生的程度与水稻群体的大小关系密切，群体越大，发病越重。因此，适当稀植可降低田间群体密度、提高植株间的通透性、降低田间湿度，从而达到有效减轻病害发生及防止倒伏的目的。④加强栽培管理：施足基肥，追肥早施，采用配方施肥技术，不偏施氮肥，增施磷、钾肥，使水稻前期不披叶，中期不徒长，后期不贪青。灌水要掌握“前浅、中晒、后湿润”的原则，做到分蘖浅水、够苗露田、晒田促根、肥田重晒、瘦田轻晒、长穗湿润、不早断水、防止早衰。

（2）化学防治：防治纹枯病的杀菌剂很多，如己唑醇、井冈霉素、噻呋酰胺、井冈·己唑醇、井冈·蜡芽菌、戊唑醇等，均有较好的防效。可在水稻分蘖末期，纹枯病发病初期用药防治，每亩*用75%肟菌·戊唑醇水分散粒剂15克，或4%井冈霉素水剂200毫升，或32.5%苯甲·嘧菌酯悬浮剂30毫升，或24%噻呋酰胺悬浮剂15毫升，兑水30～50千克喷雾。施用烯唑醇、

* 亩为非法定计量单位，15亩＝1公顷。全书同。

丙环唑等唑类杀菌剂，应注意用量，超量用药可能造成水稻抽穗不良，出现包茎现象。

(3) 生物防治：利用拮抗微生物进行水稻纹枯病的生物防治，国内多家单位进行过探索。也取得了一定效果。筛选到对病菌具有拮抗作用的木霉、青霉等真菌菌株和多种细菌菌株。但是拮抗微生物筛选十分困难，防治效果不稳定，在田块或年度间有明显的差异。截至目前，生物防治水稻纹枯病成功的例子不多。

水稻白叶枯病

分布与危害：水稻白叶枯病是水稻的重要病害之一。20世纪30～40年代，白叶枯病在我国江、浙一带已有发生。目前在国内的水稻产区，除新疆和东北北部以外，水稻白叶枯病几乎都有分布，其中华东、华中和华南是老病区，每年都有不同程度的危害。水稻白叶枯病发生流行主要受气候、地理位置和水稻品种的影响。在我国，水稻白叶枯病首先在华东、华南沿海地区发生，20世纪60年代，由于种子调运，病区不断蔓延，根据病害流行情况，全国划分为全年发生区、常年流行区和局部流行区。据统计，1960—1970年水稻白叶枯病发生面积25.0万～46.2万公顷，损失稻谷0.83万～7.11万吨；1971—1990年发生面积61.2万～165.1万公顷，损失稻谷7.54万～7.74万吨；1991—2015年发生面积28.1万～89.1万公顷，损失稻谷1.43万～1.59万吨。

症状：主要为害叶片，也可侵染叶鞘，由于发病条件、侵入时期和侵染部位不同，不仅症状上有差异，还表现出局部侵染和系统侵染的区别。常见叶枯型和急性凋萎型两种类型。①叶枯型，主要为害叶片，严重时也为害叶鞘，发病先从叶尖或叶缘开始，先出现黄绿色或暗绿色水渍状线状斑，后沿叶缘两侧或中肋扩展，变成黄褐色，最后呈枯白色，病斑边缘界限明显。在抗病品种上病斑边缘呈不规则波纹状。空气潮湿时，病斑上有蜜黄色的菌脓流出。②急性凋萎型，根系或茎基部受伤而感病，心叶青枯纵卷、凋萎，孕穗期出现死胎，心叶基部、幼穗颖壳、孕穗部叶鞘上有水渍状条斑及菌脓。

水稻白叶枯病典型症状（黄世文提供）

病原：水稻白叶枯病病原为水稻黄单胞菌白叶枯致病变种（*Xanthomonas oryzae* pv. *oryzae*），属薄壁菌门黄单胞菌属细菌。

流行规律：

(1) 充足的菌源为病害流行创造了条件：进入21世纪以来，由于多年来病情较轻，各地对病害的防治还不够重视，如种子消毒不彻底，未对收割后的稻草及留在田间的病残株、稻桩等进行及时清理、销毁，甚至用带菌稻草覆盖捆扎秧苗，致使病菌大量积存，为初次发病创造了条件。

(2) 台风暴雨频繁影响，导致病害流行：白叶枯病的发生和危害与气候条件关系十分密切，多雨、高温、高湿有利于病害的暴发流行，在气温25～30℃、相对湿度80%以上时发病最盛。适温多雨、日照不足，特别是遇台风或强风，由于稻株互相碰撞形成伤口，病菌容易侵入形成交叉感染，遇上暴雨天气病菌会大肆扩散蔓延。

(3) 田间管理措施不当，加重了病害的发生：近年来，随着农村劳动力转移，水稻生产集约化程度不断提高，传统精耕细作的耕作方式正在发生变化，一些种粮大户管理粗放，施肥喷药机械作业较多，动作过大，造成植株伤口较多，有利于病原菌的侵入。重施偏施氮肥现象普遍，引致稻株体内营养失衡，游离氮和糖分的含量增加，造成茎秆柔嫩，叶片披散，丧失对病菌的抵抗能力；一些农户灌溉管理措施还不到位或不恰当，如大水漫灌，无病田与有病田之间串灌，使得病原菌随水流入无病田块，对病害传播蔓延起到了促进作用，加重了发病的严重程度。

防控技术：水稻白叶枯病的发生特点是病菌来源广、传播途径多、侵染时间长、情况比较复杂，依靠单一的防治方法，不易取得成效，必须因地制宜，实行预防为主、综合防治的方法，采取耕作栽培、抗病良种与适期药剂保护相结合的综合防治技术，有效控制病情扩散流行危害。

(1) 农业防治：①选用抗病良种：利用品种抗病性防治白

叶枯病，是经济有效、切实可行的办法。一般而言，糯稻抗性最强，粳稻次之，籼稻最弱。同时要加强品种轮换，避免单一品种的长期种植，以防生理小种的变化，品种抗性的退化和丧失。②清除病菌来源，加强秧田保护：开展病情普查，划定病区，保护无病区。无病稻区不任意从病区引进稻种。引种时要严格进行种子检验。重病田稻草应尽量先做处理，如做肥料，宜采用高温堆肥或草塘沤制，促使充分腐熟。应避免直接还田，不用病草催芽、覆盖秧板，避免病菌扩散。尽量采用旱育秧或半旱育秧。秧田应选择在地势较高、排灌方便、远离晒场稻草堆的无病田，中、晚稻秧田应尽量分片集中，不与早稻病田插花，预防传染。③加强肥水管理：肥水管理不当是诱发白叶枯病的重要因素，在施肥方面，要配方施肥，做到基肥足、追肥早、巧施穗肥和氮、磷、钾配合的原则，避免偏施迟施氮肥，防止贪青徒长。在排灌方面，要浅水勤灌，适时晒田，防止串灌、漫灌和深水淹苗。受水淹田块，在洪水退后立即排干田水，受淹严重田块施用速效氮肥和磷肥，使水稻快速恢复生长，增强抵抗能力。

（2）化学防治：①种子消毒处理：如种子带菌，要进行种子消毒处理，可选用80%乙蒜素乳油2 000 ～ 4 000倍液或25%咪鲜胺乳油2 000倍液浸种，浸种24小时，然后用清水洗净催芽播种。②农药防治：在水稻白叶枯病初发期防治，以20%噻唑锌悬浮剂500倍液、20%噻菌铜悬浮剂500倍液防病效果和保产效果最好。

（3）生物防治：中生菌素是中国农业科学院生物防治研究所研制成功的N-糖苷类农用抗生素，可用于水稻细菌性病害的防治。链霉素是一种从灰链霉菌(*Streptomyces*)的培养液中提取的抗生素，可防治多种植物细菌和真菌性病害。

水稻细菌性基腐病

分布与危害：水稻细菌性基腐病于20世纪80年代初在浙江省首先发现。此后，江苏、江西、湖南、湖北、安徽、广西、上海、四川、贵州、云南、福建、海南、广东、黑龙江等省份都有发生报道，部分地区发生较重。水稻细菌性基腐病主要为害水稻根节部和茎基部。

症状：水稻分蘖期发病常在近土表茎基部叶鞘上产生水渍状椭圆形斑，渐扩展为边缘褐色、中间枯白的不规则形大斑，剥去叶鞘可见根节部变黑褐色，有时可见深褐色纵条，根节腐烂，伴有恶臭，植株心叶青枯变黄，发生严重的，手轻轻一拔病株会从根节部或基部脱落。拔节期发病叶片自下而上变黄，近水面叶鞘边缘褐色，中间有灰色长条形斑，根节变色，伴有恶臭。穗期发病病株先失水青枯，后形成枯孕穗、白穗或半白穗，根节变色，有短而少的侧生根，有恶臭味。水稻细菌性基腐病的独特症状是病株根节部变为褐色或深褐色腐烂。

病原：水稻细菌性基腐病病原为玉米迪基氏菌（*Dickeya zeae*）（异名*Erwinia chrysanthemi* pv. *zeae*），为细菌。菌体单生，短杆状，两端钝圆，大小为（2.6 ~ 3）μm×（0.6 ~ 0.8）μm，鞭毛周生，无芽孢和荚膜，革兰氏染色阴性。

流行规律：病菌可在病稻草、病稻桩和杂草上越冬。病菌从叶片上的气孔、伤口及叶鞘和根系伤口侵入，以根部或茎基部伤口侵入为主。侵入后在根基部的气孔中系统感染，在整个生育期重复侵染。水稻细菌性基腐病发病因素主要有以下几个方面：①早稻在移栽后开始出现症状，抽穗期进入发病高峰。晚稻秧田即可发病，孕穗期进入发病高峰。一般晚稻发病重于早稻。②地势低洼、土壤黏重、排水不良、通气性差的田块发生重。③肥料的种类、数量与发病也有密切关系，氮肥多、施用迟、苗嫩都易发病。④气候因素：高温多雨利于发病。

防控技术：

(1) 农业防治：①不同水稻品种对细菌性基腐病的抗性有明显差异，应推广种植对基腐病抗性较好的水稻品种，如春优84、Y两优2号、Y两优689、Y两优900、中浙优1号、中浙优8号、甬优8、甬优538、甬优1540等，减轻发病程度。②培育壮苗：在选种、晒种的基础上选用强氯精浸种，推广工厂化育

水稻细菌性基腐病症状（邱海萍提供）
1.叶鞘 2.根基部 3.茎节 4.茎基部

秧，适当增施磷、钾肥确保壮苗，小苗移栽机插。③提倡水旱轮作。增施有机肥，采用配方施肥技术。

（2）化学防治：在分蘖初期每亩选用3%噻霉酮可湿性粉剂88克和40%春雷·噻唑锌悬浮剂50毫升、20%噻菌铜150毫升等药剂进行防治。并撒生石灰中和土壤pH，抑制病菌，减轻为害。在喷施杀菌剂的同时，增加磷、钾肥施用。

（3）生物防治：使用中生菌素、中生菌素与噻霉酮复配的药剂等进行防治。

水稻细菌性基腐病大田症状（邱海萍提供）

水稻细菌性基腐病大田症状（黄世文提供）

稻　曲　病

分布与危害：稻曲病是一种水稻穗粒病害，又称伪黑穗病、黑球病或表粉病，又因稻曲病发生往往伴随水稻丰产而被称为“丰收病”。我国对稻曲病描述最早始于明代，《本草纲目》中

"硬谷奴，谷穗煤者"即为此病。此病在我国华东、华南、西南、华中及东北等稻作区均有发生。近年来，随着杂交水稻的推广和施肥水平的提高，稻曲病愈演愈烈，已成为江苏、浙江、辽宁、四川等10多个省份的主要水稻真菌病害之一。稻曲病暴发严重影响稻谷的产量和品质。病原的侵染不仅导致受害稻穗结实率和千粒重的下降，也导致受害稻穗整精米率下降和垩白粒率增加，影响稻米的外观和食用品质。此外，病菌能产生水溶性稻曲菌素和脂溶性黑粉菌素等真菌毒素。畜禽类动物过量食用混有稻曲病病粒（稻曲球）的稻谷可引起胃肠黏膜、肝脏、脾脏出血，淋巴结充血、肿大等症状。

症状：稻曲病仅见于水稻穗粒，病粒在田间常呈现为黄色至黑绿色的稻曲球。病原菌侵染水稻小穗后，菌丝在颖壳内迅速增殖，形成白色菌丝块并迅速膨大，导致内外颖裂开，后逐渐增大并包围谷粒；病组织继续发展为光滑、黄色的稻曲球，表面有被膜包被，后来被膜破裂显露厚垣孢子层；厚垣孢子层颜色由橙黄色、黄绿色、绿色、橄榄绿色直至渐变为黑绿色。当环境条件适合时，稻曲球两侧可生成黑色扁平菌核，风吹雨打易脱落。

稻曲病症状（张震提供）

1.黄色稻曲球　2.后期黑绿色稻曲球　3.带菌核的稻曲球

稻曲病黄色稻曲球（黄世文提供）

稻曲病黑绿色稻曲球（张震提供）

病原：稻曲病病原无性阶段为稻绿核菌（*Ustilaginoidea virens*），属子囊菌无性型绿核菌属真菌；有性阶段为稻麦角菌（*Villosicalava virens*），属子囊菌门麦角菌属真菌。

流行规律：稻曲病的发病流行主要受温湿度条件影响。稻曲病菌在气温24～32℃时发育良好，在26～28℃时生长最适，低于12℃或高于36℃时不能生长。稻曲病厚垣孢子在高湿和温暖（26℃）的条件下有利于打破休眠并促进薄壁分生孢子的形成。孕穗期遇阴雨及相对低温，有利于病原菌的大量增殖和侵染，使得病害发生严重。氮肥使用量过多或穗肥过重，水稻植株贪青晚熟，导致遭遇病害发生的有利温湿度条件的机会增加，从而有利于病害的发生。

防控技术：

（1）农业防治：①选用抗病品种是病害防治中最为经济有效的方法。但对于稻曲病，目前尚没有可供生产应用的抗病品种。田间抗性鉴定结果显示，不同类型间水稻对稻曲病存在抗性差异，一般籼粳杂交稻发病重于籼型杂交稻，常规粳稻重于常规籼稻。因此，生产中可选择发病程度相对较轻的水稻品种类型，有利于稻曲病的有效控制。②适时播种，合理进行肥水管理，不过多使用氮肥，慎施穗肥，避免后期氮肥过量造成水稻贪青晚熟。浅水勤灌，后期见干见湿。

（2）化学防治：化学防治是当前稻曲病控制的关键。施药注重时机，具体的防治时期因水稻品种类型而定。以籼粳型杂交水稻为例，防治的最适时机在全田1/3以上植株最后一片叶全部抽出，即俗称“大肚期”（此时距出穗7～10天）。若施药后遇连续阴雨天气，可在破口始穗期补防1次。防治时选用戊唑醇、硅氟唑、苯醚甲环唑和己唑醇等单剂或复配药剂均可。

（3）生物防治：在稻曲病防治适期选用对病菌具有生物活性的生物源农药进行喷雾处理，包括微生物活菌制剂、植物源杀菌剂、微生物源杀菌剂以及相关混配剂型等。目前，商品化的制剂有纹曲宁、纹曲净、纹曲行等井冈霉素与芽孢杆菌混配制剂、1%蛇床子素水乳剂、1%申嗪霉素悬浮剂等。

水稻穗腐病

分布与危害：近年来全国各稻区水稻后期不同程度发生一种穗部病害——穗腐病（又称颖枯病、谷枯病、黑穗病、穗褐变病、褐变穗）。常年发病面积在1 200万～1 500万亩，造成产量损失和品质降低的在500万～800万亩。在江苏、浙江、安徽、湖南、湖北、江西、广西、广东、黑龙江等省份的中、晚稻上常年发生，并呈蔓延扩展趋势。发病严重年份，丛发病率可达100%，穗发病率30%～95%，每穗病谷率30%～75%，结实率下降8%～10%，千粒重降低0.6～1.0克，一般减产5%～10%，严重田块达30%以上，甚至绝收。被感染谷粒腐坏、变色、结实率降低或不结实、稻米畸形。穗腐病对水稻高产、稳产和优质生产存在着巨大威胁。除直接造成水稻产量损失外，由于病菌产生的色素、代谢产物含有毒素，降低稻谷（米）的外观品质和食用品质。人、畜食用过量的带菌谷粒可引起头昏、发热、呕吐和腹泻等急性中毒现象，严重危害人体健康和畜禽生长。

症状：穗腐病仅在水稻抽穗扬花期开始显症，侵染小穗或整个稻穗。发病初期，上部小穗颖壳尖端或侧面产生椭圆形小斑点，后逐渐扩大至谷粒大部或全部。病斑初期为铁锈红色，逐渐变为黄褐色、褐色，水稻成熟时变为褐色或黑褐色，局部病穗有白色或粉红色霉层，为病原菌孢子。该病症状与品种（组合）及抽穗扬花期的温湿度有关。发病早而重的稻穗不能结实，发病迟的则影响谷粒灌浆充实，千粒重明显降低。

病原： 主要由多种真菌引起。造成田间发病的优势病原菌为镰孢属(*Fusarium* sp.)真菌；在谷粒中以链格孢属(*Alternaria* sp.)，弯孢属(*Curvularia* sp.)、镰孢属(*Fusarium* sp.)及青霉属(*Penicillium* sp.)的检出率高、分布地区广，为优势真菌。

流行规律： 水稻穗腐病的发生、流行、危害与种子带菌量、田间残存的病菌数量、品种抗性及关键生育期（孕穗后期-抽穗扬花期）的气候条件高度相关。

（1）穗腐病发生流行的气候因子：水稻穗腐病是一种与气候密切相关的病害，温暖潮湿的气候，有利于病害发生和流行。日平均气温在23℃以上，即可显现穗腐病症状，发病适宜温度为25～33℃，最佳温度为28℃，在适宜温度范围内，愈接近最佳温度，侵入愈快，潜育期愈短。湿度对病菌的发育和病害的发生流行有很大的影响，如降雨后有雨滴存在，有利于病菌子囊孢子的释放和萌发。

（2）穗腐病发生与品种类型有关：一般地，粳稻、籼粳杂交稻较籼稻和籼型杂交稻感病，大穗、紧（密）穗型品种（组合）较穗型松散的感病，扬花灌浆期长的比短的感病。

（3）穗腐病发生与耕作栽培制度及肥水管理有关：采用密植、直播、抛秧等栽培方式有利于穗腐病的发生。大量施肥，特别是氮肥普遍超标准，是穗腐病严重发生的重要诱因。长期深水漫灌，造成小环境湿度高，容易造成穗腐病重发。

防控技术：

（1）农业防治：①选用抗（耐）病品种：生产上宜选择抗（耐）穗腐病的品种、组合。如选择散穗型（稻穗抽出后很快散开）、抽穗扬花期短的品种（组合）。②调整播栽期以避病：了解和掌握当地气候条件和水稻品种的生育特性，调整水稻的播种和移栽时期，使水稻最易感穗腐病的生育期始穗－扬花期避开当地温暖、阴雨高湿期。③加强肥水管理，减轻病害发生：

过多施用氮肥，水稻植株长势好看，嫩绿、茂盛，但会引起许多病虫害侵染。氮、磷、钾要合理平衡施用，施足基肥，适时施用追肥，酌情施用穗肥，增施有机肥。水分管理上做到寸水活棵、中期浅水勤灌、后期干湿交替，尤其不宜长期深水漫灌（详见减肥控害技术）。

（2）化学防治：①种子处理：种子进行药剂消毒，减少初侵染源，先在太阳下晒1～2天，再用泥水或盐水选种，剔除瘪谷、半瘪谷和感病种子。对水稻种子进行药剂消毒，清除带菌种子，减少初侵染源，如用氰烯菌酯、咪鲜胺等杀菌剂浸种。②农药防治：化学防治作为应急措施，在水稻长势、气候条件适合穗腐病发生时采用。在水稻关键生育期（孕穗后期-乳熟期）选择高效、低毒、低残留药剂进行防治。防治穗腐病最佳

籼稻穗腐病中期（左）、后期（右）症状（黄世文提供）

籼粳杂交稻穗腐病早期铁锈色症状（左）、粳稻（秀水09）成熟期症状（右）（黄世文提供）

施药时期是在水稻始穗前5～7天及破口-齐穗期各打一次药。遇连续阴雨需在雨前或阴雨间隙加大剂量进行防治。20%三唑酮乳油、25%咪鲜胺乳油、50%多菌灵可湿性粉剂、30%苯甲·丙环唑乳油、70%甲基硫菌灵可湿性粉剂、75%肟菌·戊唑醇水分散粒剂对水稻穗腐病有较好的防治效果。

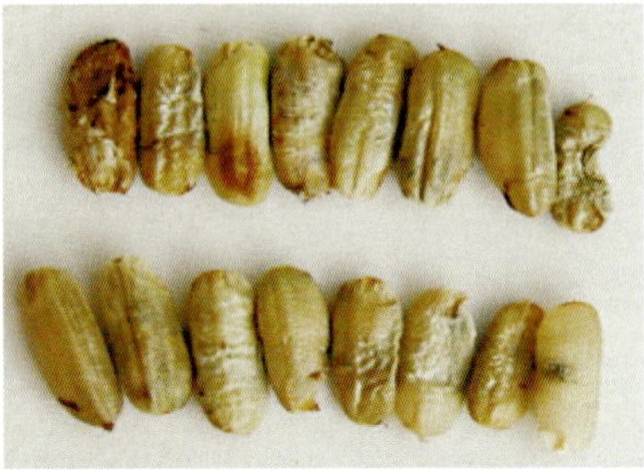

穗腐病感病谷粒（左）及变色、畸形米粒（右）（黄世文提供）

水稻条纹叶枯病

分布与危害：水稻条纹叶枯病是水稻重要的病毒病害之一，由灰飞虱（*Laodelphax striatellus*）以持久方式经卵传播，主要发生在东亚的温带、亚热带地区。21世纪初，该病在我国以江苏为中心的稻麦轮作区暴发流行，严重影响水稻产量。在我国华东、华北、华南、西南的18个省份有分布，在长江中下游稻麦轮作区发生尤为严重。

症状：条纹叶枯病典型的症状就是形成褪绿的条纹斑点或

斑块，一般最早出现在幼嫩的心叶上，但由于水稻品种、接种方法、水稻苗期及环境因子等因素的影响，在实际显症时会出现较多可变性，大致可分为卷叶型和展叶型两类。卷叶型症状发展为典型的“假枯心”，即表现心叶褪绿、捻转，并弧圈状下垂，严重的心叶枯死；展叶型的病叶不捻转，也不下垂枯死，心叶展开，基本正常或完全正常，发病初期在心叶基部呈现断续的黄绿色或黄白色短条斑，以后逐渐扩展成与叶脉平行的黄白条斑或褪绿条斑。

病原：病原为水稻条纹病毒（*Rice stripe virus*，RSV），是纤细病毒属（*Tenuivirus*）的代表种，传播介体为灰飞虱。

流行规律：自然情况下，介体灰飞虱以持久方式经卵传播RSV，并能连续传毒或间歇传毒，雌、雄个体成虫及若虫均可传毒，但雌虫传毒效率比雄虫要高。RSV主要在越冬的灰飞虱若虫体内越冬，部分病毒可在大麦、小麦及杂草病株体内越冬。因此，带毒越冬的灰飞虱是水稻条纹叶枯病的初侵染源，病害的发生流行与灰飞虱在田间的消长规律有密切关系。灰飞虱主要以9～10月孵化的若虫在小麦、大麦及禾本科杂草上越冬。翌年3月羽化后仍然留在越冬场所繁殖。第一代若虫在3月底4月初出现，这一代若虫羽化的带毒成虫在5～6月迁入秧田，成为最主要的初侵染源。6～7月，田间虫口密度最高，进入发病高峰。7月以后，因高温和早稻收割，虫量大大减少。在双季稻种植区，8月上旬灰飞虱先后大量迁入晚稻秧田传病为害，10月后虫口密度回升造成晚稻严重发病。晚稻收割前后灰飞虱迁到麦田及田边杂草上越冬。

防控技术：

（1）农业防治：合理应用抗（耐）病品种；旱育秧、机插秧、抛秧等栽培方式和适期迟播迟栽可有效控制条纹叶枯病的发生。

（2）物理防治：在病毒病流行地区，用防虫网或无纺布覆盖秧田，可以防虫并阻止病毒的传播。

（3）化学防治：防治灰飞虱，治虫防病。防治方法详见灰飞虱。

水稻条纹叶枯病病田（左为重病田发病情况，右为发病后期田间症状）

水稻条纹叶枯病发病初期的黄绿色条纹（左上）、发病中期的枯心症状（左下）和后期的心叶卷曲症状（右）

水稻黑条矮缩病

分布与危害：水稻黑条矮缩病俗称矮稻，是水稻的一种严重病毒病，由灰飞虱传播。该病在我国各稻区均有发生，特别是华东稻麦轮作区发病较重。该病可导致水稻苗矮缩，生长缓慢，发病植株绝大部分不能正常抽穗，造成严重减产。

症状：该病的典型症状是病苗比健康水稻明显矮缩，叶片墨绿、短而僵直，发病初期叶片背面的叶脉和茎秆上有蜡泪状白色突起，发病后期逐渐变成黑褐色短条瘤状突起（大部分是没有瘤的）。水稻不抽穗或穗小，最终可导致严重减产。非典型症状包括病苗生长缓慢，矮缩，分蘖少，叶脉和茎秆上无蜡泪状突起。

病原：病原为水稻黑条矮缩病毒（*Rice black-streaked dwarf virus*，RBSDV），属于呼肠孤病毒科斐济病毒属（*Fijivirus*），传播介体为灰飞虱。

流行规律：水稻黑条矮缩病毒由介体灰飞虱以持久方式传播，但不经卵传毒。病毒主要在大麦、小麦、杂草等病株上越冬。田间病毒通过麦－稻的途径完成侵染循环。

导致水稻黑条矮缩病流行的原因是多方面的。首先是稻麦轮作栽培方式，使得毒源和传播介体在麦田大量积累，加之水稻感病生育期和灰飞虱的迁移高峰期吻合，造成了病害流行。

防控技术：水稻黑条矮缩病和条纹叶枯病的传播介体均为灰飞虱，两病害的流行区域也大体一致。因此，在生产上一般采取“双控措施”同时控制两病害。采用“压低介体基数、切断传毒链条、破坏越冬场所”为关键技术的绿色防控体系可有效控制双病的发生。

（1）农业防治：小麦播种前稻田翻耕，压低传播介体灰飞虱基数。

水稻黑条矮缩病症状

1.早期症状　2.中期症状　3.中后期症状　4.后期症状

（2）物理防治：在病毒病流行地区，秧苗期全程覆盖防虫网或无纺布，阻断介体灰飞虱进入秧田传毒。

（3）化学防治：小麦始穗期集中防治灰飞虱，减少传播介体数量，防治关口前移，稻病麦治。防治方法详见灰飞虱。

水稻叶背面沿叶脉蜡滴状突起及后期坏死

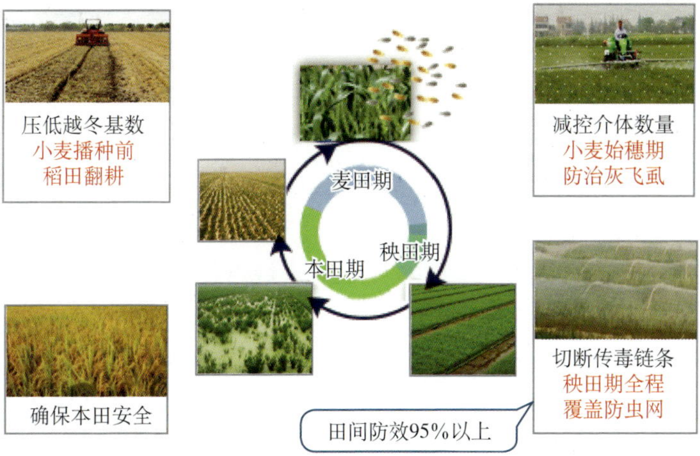

水稻条纹叶枯病和水稻黑条矮缩病绿色双控技术

南方水稻黑条矮缩病

分布与危害：南方水稻黑条矮缩病是2001年在我国广东省阳西县首次发现的一种新病害，最初局部发生，2009—2010年该病害突然暴发流行至我国南方13个省份，超过120万公顷稻田受害，通常造成水稻减产20%左右，严重时高达50%。

症状：水稻各生育期均可感病，症状因不同感病期而异。秧苗期感病植株严重矮缩，不及健康株高的1/3，不能拔节；分蘖初期感病水稻明显矮缩，约为正常株高的一半，不抽穗；分蘖期和拔节期感病的水稻植株矮缩不明显，叶短而僵直、叶色深绿、穗小、不实粒多；拔节期的病株地上数节节部有气生须根及高节位分枝。圆秆后的病株茎秆表面可见蜡点状纵向排列的瘤状突起（手触有明显的粗糙感），早期乳白色，后期褐黑色。

病原：南方水稻黑条矮缩病毒（*Southern rice black-streaked dwarf virus*，SRBSDV），属于呼肠孤病毒科斐济病毒属（*Fijivirus*），传播介体为白背飞虱。

流行规律：除海南、广东及广西南端与云南西南部外，我国大部分稻区无冬种稻栽培，传毒介体白背飞虱不能越冬。因此，每年的病毒初侵染源主要由迁入性白背飞虱成虫携毒传入，白背飞虱的越冬区即毒源越冬区。每年春季随着白背飞虱的北迁，病害由南向北逐渐扩散。一般认为，我国白背飞虱的主要越冬基地为中南半岛，在海南岛及云南西南部少数地区也可越冬。在南部稻区，早春迁入代带毒白背飞虱在拔节期前后的早稻株上取食传毒，致使染病植株表现矮缩症状。同时，迁入的雌虫在部分染病植株上产卵，第二代若虫在病株上孵化并获毒。2～3周后，带毒高龄若虫向周边扩散使得植株染病，此时早稻已进入分蘖后期，染病植株不表现明显矮缩症状，但可作为同代及后代白背飞虱获毒的毒源植株。毒源植株上产生的第二、三代成虫，携病毒短距离转移或长距离迁飞至异地，成为中季稻或晚季稻秧田及早期本田的侵染源，中、晚季稻往往发病严重。晚季稻田中后期产生的带毒白背飞虱将携毒迁回南方稻区。

防控技术：

（1）农业防治：选用抗病虫品种，及时拔除病株，并以健株掰蘖补苗。

（2）物理防治：在病毒病流行地区，用防虫网或无纺布覆盖秧田阻隔白背飞虱。

（3）化学防治：以控制传毒介体白背飞虱为中心，采取“治秧田保大田，治前期保后期”的治虫防病策略，加强联防联控，重点抓好中、晚稻秧田及拔节期之前白背飞虱防治。防治方法详见白背飞虱。

南方水稻黑条矮缩病田间症状

南方水稻黑条矮缩病植株矮缩症状（左）和茎秆上的蜡滴状突起（右）

南方水稻黑条矮缩病叶部症状

南方水稻黑条矮缩病倒生根和气生根症状

水 稻 矮 缩 病

分布与危害：水稻矮缩病又称水稻普通矮缩病（普矮），广泛分布于东亚各稻区，暴发流行时，可导致30%～50%的产量损失。

症状：感病水稻普遍表现为植株矮缩，分蘖增多，叶色浓绿，叶片僵直，在叶片或叶鞘上出现白色斑点并与叶脉平行排列成虚线状。

病原：病原为水稻矮缩病毒（*Rice dwarf virus*，RDV），属呼肠孤病毒科植物呼肠孤病毒属（*Phytoreovirus*），传播介体有黑尾叶蝉、二点黑尾叶蝉和电光叶蝉，其中以黑尾叶蝉为主。

流行规律：病毒在黑尾叶蝉体内越冬，黑尾叶蝉在看麦娘上以若虫形态越冬，第二年春天羽化迁回稻田为害，早稻收割后，迁至晚稻上为害，晚稻收获后，返回至看麦娘、宿根稻等植物上越冬。由于RDV只能通过昆虫介体传毒，不经种子或接触传染，因此，带毒叶蝉种群的消长与病害发生流行密切相关。

水稻矮缩病病株

防控技术

（1）农业防治：选用抗病虫品种。

（2）化学防治：控制传毒介体黑尾叶蝉。有关药剂种类、用量可参照褐飞虱和白背飞虱。

水稻矮缩病叶片上的白色斑点（叶恭银提供）

水稻主要害虫

褐　飞　虱

分布与危害：褐飞虱（*Nilaparvata lugens*）属半翅目飞虱科，是我国当前水稻生产上的重要害虫。20世纪60年代中期以前，我国褐飞虱仅在南方稻区的广东、广西、湖南、湖北、江西、贵州、浙江、江苏等省份局部发生。20世纪60年代末以来，褐飞虱上升为我国主要水稻害虫，给水稻生产构成严重威胁。20世纪80年代末以来，我国褐飞虱每年发生面积为1 300万～2 600万公顷，约占水稻种植面积的50%，虽经防治，年均损失稻谷仍达10亿～15亿千克。褐飞虱为单食性害虫，只能在水稻和普通野生稻上取食和繁殖后代，以成虫和若虫群集在稻株下部取食为害。用刺吸式口器吸食水稻韧皮部汁液，消耗稻株营养和水分，并在稻株上留下褐色伤痕、斑点；严重时可引起稻株枯死倒伏，俗称"冒顶""穿顶""虱烧"，导致严重减产，甚至失收。吸食过程中还排泄蜜露污染稻株，滋生煤烟病，严重时稻丛1/3以下部位变成黑秆，基部附近土壤常变黑，是褐飞虱严重为害的一个重要标志。

发生相关因子：

（1）气候：褐飞虱喜温湿，耐寒能力极弱，没有休眠或滞育。生长与繁殖的适温为20～30℃，最适温度为26～28℃，相对湿度在80%以上。长江中下游地区"盛夏不热，晚秋不凉，夏秋多雨"，是适合褐飞虱大发生的气候条件；秋季"寒露风"来的迟早和强度直接影响晚稻褐飞虱的发生为害程度，来得迟或弱，褐飞虱极易大发生。稻田小气候环境对褐飞虱的生存和繁殖有直接影响。通过科学栽培管理，及时搁田，平衡施肥，改善田间小气候环境，不仅有利于水稻高产稳产，而且能抑制褐飞虱的种群增长。

（2）食料：耕作制度、稻田化学肥料的使用和水稻品种特性是影响褐飞虱食料条件的主要因素。①耕作制度决定了褐飞虱可利用食料的时间长短及食料的有无。如江浙地区双季稻改单季稻后，避免了早稻收割时食料中断的影响，且水稻生育期延长，每季水稻褐飞虱能发生的代数由原来的2～3代延长到3～4代，利于褐飞虱的发生。②化学肥料影响水稻营养状况而影响褐飞虱食料的质量。如过量或偏施氮肥往往改变稻株体内游离氨基酸营养的组成，利于褐飞虱的发生。③不同水稻品种决定褐飞虱食料的质量。抗性水稻品种上，褐飞虱的种群趋势指数可低至感虫品种的1/10以下。

防治技术：采用“预防为主、综合防治”的方针，需要改变目前过多依赖农药的严峻局面，不滥用、乱用农药，选用低毒农药，保护天敌；利用一切自然控制因素，如种植抗（耐）性水稻品种，合理进行肥水管理、健身栽培，提高稻田生态系统抵御褐飞虱灾变的能力。

（1）农业防治：①因地制宜选用抗（耐）虫的高产良种。目前生产上可利用的高抗品种较少，但可种植中抗或耐性较强的水稻品种，并避免选用高感品种。②科学进行肥水管理，适时烤田，防止水稻后期贪青徒长，创造有利于水稻增产而不利于褐飞虱滋生的生态条件。其中，肥料使用上推荐采用“适氮、稳磷、增钾、补微（微量元素肥）”的平衡施肥原则，避免集中施用基蘖肥的施肥方式（详见减肥控害技术）。

（2）物理防治：利用褐飞虱的趋光性，在成虫盛发期间，连片设置诱虫灯，每2～3公顷1盏，可有效减少褐飞虱的发生量（详见灯光诱杀技术）。水稻秧田重发区，秧田采用防虫网或无纺布覆盖，可有效阻隔褐飞虱。

（3）化学防治：药剂防治适期在若虫一至三龄高峰期。关键是将药液喷到稻丛基部褐飞虱栖息部位，常用方法有两种：①喷雾或泼浇。首选先进药械如担架式喷雾器和机动高压喷雾器等。其次是施药时田间应保持3～5厘米浅水层。三是保证充足的药液量，分蘖期一般每亩对水30千克喷雾；拔节期以后水稻群体大，则需加足用水量，每亩对水45～60千克。主要农药单剂每亩推荐用量为：25%噻嗪酮可湿性粉剂40～60克，25%吡蚜酮悬浮剂18～20克，30%烯啶虫胺水分散粒剂或水剂20～30毫升，20%呋虫胺可溶粒剂20～40克，25%环氧虫啶可湿性粉剂32～40克，48%噻虫胺悬浮剂15毫升，40.7%毒死蜱乳油80～120毫升，80%敌敌畏乳油60～80毫升，20%异丙威乳油150～200毫升，25%仲丁威乳油100～200毫升。②毒土。水稻后期田间若缺水或遇干旱，用毒土熏蒸的办法使药剂作用到飞虱。每亩用80%敌敌畏乳油120～150毫升，拌15～20千克毒土，均匀撒于稻丛基部，有较好的防效。毒土制作时，可先用少量水把药剂稀释，再均匀拌入较干燥的细土或细沙。

（4）生物防治：①在化学防治中不滥用药剂，并注意采用选择性药剂，尤其是水稻生长前期杜绝使用杀伤天敌的药剂，或调整用药时间，改进施药方法，或减少用药次数和用量。②创造有利于天敌生存、繁殖和活动的生态环境，如因地制宜在田埂或稻田周边种植芝麻等显花植物，可保护褐飞虱天敌及提高天敌的捕食能力（详见生态工程控制水稻害虫技术）。③南方水网地区采用稻田养鸭、鱼、蟹或青蛙等措施，田间褐飞虱的虫口减退率可达45%～65%，在褐飞虱中等偏重及以下发生年份，不需其他防治措施即可有效控制其为害（详见种养结合技术）。

褐飞虱成虫（傅强提供）
1. 长翅雌虫 2. 长翅雄虫 3. 短翅雌虫 4. 短翅雄虫

褐飞虱各龄若虫（傅强提供）
1. 一龄 2. 二龄 3. 三龄 4. 四龄 5. 五龄

褐飞虱吸食为害状（傅强提供）
1. “虱烧” 2. 群集稻丛基部为害 3. 受害稻丛基部黑秆

白背飞虱

分布与危害：白背飞虱（*Sogatella furcifera*）属半翅目飞虱科，是当前我国水稻上主要的迁飞性害虫之一。其分布比褐飞虱更广，几乎遍及国内所有的稻区，包括华南、华中、华北、东北以及西南稻区，西北可达新疆米泉等地。1980年以来，白背飞虱种群数量逐年上升，大发生频率明显增加，对水稻的为害日趋严重，尤以长江流域双季稻区发生为重，是水稻生长前、中期的主要优势害虫。1990年以来，长江流域水稻生长后期白背飞虱虫量超过褐飞虱居于优势种地位的现象亦常有发生。总体上，与褐飞虱同地发生的稻区，白背飞虱的发生一般早于褐飞虱。白背飞虱为害方式与褐飞虱相似，但成、若虫在稻株上的分布位置较褐飞虱稍高，取食为害能力亦低于褐飞虱。虫口数量大时，受害水稻丧失大量水分和养料，植株矮化，上层叶黄化，下层叶黏附飞虱分泌的蜜露而滋生煤烟病，继而发黑形成黑秆，严重时可致全株枯死；被害田块则渐显"黄塘""虱烧"，甚至全田失收。黑秆亦是白背飞虱严重为害的一个重要标志，其黑秆部位可达覆盖植株下部的2/3，高于褐飞虱（1/3以下），且下部变黑的叶片亦多于褐飞虱。

发生相关因子：

（1）气候：白背飞虱对温度的适应范围较宽，为13～34℃，最适宜温度是22～28℃，相对湿度要求80%～90%。成虫迁入期雨日多，降水量较大，有利于迁飞虫降落、定居和繁殖。在高龄若虫期，天气干旱可加重对水稻的为害。因此，在长江中下游地区，初夏多雨，盛夏长期干旱，是大发生的预兆。

(2) 水稻品种和生育期：部分水稻品种对白背飞虱具有明显抗性，已鉴定、命名了8个主效抗性基因。在抗性品种上，白背飞虱表现为若虫成活率低，历期长，成虫寿命短，产卵量少。不同类型水稻品种对白背飞虱的抗性不同。总体而言，粳稻对白背飞虱的抗、耐性强于籼稻。在水稻各生育期，白背飞虱都能取食，但以分蘖盛期至孕穗期最为适宜，增殖亦最快，虫口密度高，水稻生长进入蜡熟期以后，组织老健，不适宜其生活。

防治技术：同褐飞虱的防治类似，生产当中应善于创造和利用不利于白背飞虱发生的自然控制因素，如种植抗性或耐性水稻品种，合理进行肥水管理，健身栽培，提高水稻品种抵御白背飞虱的能力；不滥用、乱用农药，选用对口低毒农药，充分保护利用自然天敌的控害作用。具体防治方法中，农业防治、生物防治、物理防治方法可参照褐飞虱。化学防治除需下述针对性措施外，其他亦与褐飞虱相似。

白背飞虱对吡虫啉没有产生明显的抗药性，吡虫啉对其有较好防效，但因田间白背飞虱常与褐飞虱混合发生，为缓解褐飞虱对吡虫啉的极高抗药性困局，在混合发生区应不再使用吡虫啉防治白背飞虱或最多水稻苗期使用1次。

白背飞虱成虫（傅强提供）

左：长翅雌虫 中：长翅雄虫 右：短翅雌虫

白背飞虱发生早于褐飞虱，常在南方稻区早稻秧田造成危害，加之传播南方水稻黑条矮缩病，因此，有关地区还可采用：①无纺布或防虫网覆盖阻隔白背飞虱；②种子处理，常用方法是在种子催芽后选用60%吡虫啉悬浮种衣剂（高巧、优拌），按每千克干种子2～3克的用药量，先将药剂与少量清水混匀，再均匀拌种，晾4～10小时后播种。

白背飞虱各龄若虫（傅强提供）
1.下：一龄，上：二龄　2.三龄　3.四龄　4.五龄

白背飞虱吸食为害状（傅强提供）
1.稻田"黄塘"　2.受害稻丛基部黑秆

灰飞虱

分布与危害：灰飞虱（*Laodelphax striatellus*）属半翅目飞虱科。国内各省份均有分布，以长江中下游及华北稻区发生较多。灰飞虱可以本地越冬，是3种主要稻飞虱中每年发生最早的一种。主要为害早、中稻秧苗本田分蘖期及晚稻穗期。在长江中下游仅在早稻上数量较多，局部地区晚稻穗期为害重。成、若虫都以口器刺吸水稻汁液，一般群集于稻丛中上部叶片，穗期则聚集于穗部取食。虫口大时，稻株因汁液大量丧失而枯黄，同时因大量蜜露洒落附近叶片或穗上而滋生霉菌，但较少出现类似褐飞虱和白背飞虱的“虱烧”或“黄塘”症状。灰飞虱是传播水稻条纹叶枯病、水稻黑条矮缩病等多种水稻病毒病的媒介，传播的病毒病所造成的危害常高于直接吸食的危害，是21世纪初以来江苏、浙江、上海、安徽等稻区水稻生产的主要威胁。

发生相关因子：

（1）耕作与栽培：灰飞虱在进入稻田之前主要在麦田中取食和繁殖。因此，麦田（特别是小麦田）面积大的地区，由于食料丰富，其繁殖量大，迁入稻田的虫口基数一般也较高。在小麦与单季中、晚稻连作地区，或冬小麦—双季稻和单季中、晚稻混栽区，因寄主条件适宜，有利于灰飞虱的发生。施用氮肥过多，稀播稀植，小株或单株插秧，稻苗生长嫩绿，分蘖多，最易诱集成虫产卵并导致病毒病流行。

（2）气候：灰飞虱属于温带地区的害虫，耐寒怕热，夏季高温对其极为不利。平均气温持续在30℃以上，若虫发育缓慢，四、五龄若虫历期延长，甚至引起死亡。长江中下游常年在7月中下旬开始进入高温干旱的盛夏，此时的第三代成虫死亡多，产卵少，第四代发生量大大减少。如果7～8月气温偏低，第四代发生就多，越冬虫口密度也高。1～3月气候温暖干燥，无特殊持续低温，有利于若虫越冬，是第一代大发生的预兆。在华北稻区，夏季极少出现平均气温超过30℃以上的高温，无高温限制因子，其发生量与7～9月的雨量关系密切。雨量少，短翅型雌虫大量增加，有利于大发生。在四川，大发生与6月雨量有关，一般6月上旬雨量适中，下旬偏少，常促使灰飞虱大发生。

防治技术：灰飞虱的主要危害在于传播病毒，因此该虫防治主要在于控制病毒病。其防治措施除参照褐飞虱和白背飞虱的防治方法外，重点还需采取以下针对性防治措施。

（1）农业防治：适当调节水稻播种期，如江苏通过推迟单季晚稻的播种期，避开了麦田迁出的灰飞虱。铲除田埂杂草，消灭虫源滋生地和减少毒源，适当提前耕翻红花草。原因是红花草田内的禾本科杂草，不但是灰飞虱的越冬寄主，而且带病杂草也是病毒的毒源，掌握一代成虫羽化前耕翻。

灰飞虱吸食为害稻穗（傅强提供）

（2）物理防治：在病毒病流行地区，用防

虫网或无纺布覆盖秧田，可以防虫并阻止病毒的传播。

（3）化学防治：在灰飞虱传播病毒病并流行成灾的地区，化学防治以治虫防病为目的，重点是消灭害虫于传毒之前，采取“狠治一代，控制二代”的防治策略。要抓住一至二代成虫迁飞高峰期和低龄若虫孵化高峰期，将灰飞虱集中消灭在秧田期和本田初期。适用药剂和具体施药技术可参考褐飞虱和白背飞虱的防治。

灰飞虱成虫（傅强提供）
1. 长翅雌虫 2. 长翅雄虫 3. 短翅雌虫 4. 中翅雄虫

灰飞虱各龄若虫（傅强提供）
1. 一龄 2. 二龄 3. 三龄 4. 四龄 5. 五龄

稻纵卷叶螟

分布与危害：稻纵卷叶螟（*Cnaphalocrocis medinalis*）属鳞翅目草螟科，别称稻纵卷叶虫、刮青虫。广泛分布于全国各稻区，北起黑龙江、内蒙古，南至台湾、海南，原是局部间歇发生的害虫，但自20世纪60年代后，随着耕作制度的改变、品种更新和推广密植高肥措施，其在全国范围内发生数量与为害程度逐年加重。2000年以来在我国发生日益严重，年均粮食损

稻纵卷叶螟成虫、卵、幼虫、蛹及其为害状（傅强提供）
1～2.成虫　3.卵粒　4.蛹　5～8.幼虫及其为害状

失76万吨。2003年出现全国性的特大暴发，而后连年猖獗为害，2007年再次出现全国性的大暴发。目前稻纵卷叶螟已成为水稻的常发性害虫之一。稻纵卷叶螟以幼虫缀丝纵卷水稻叶片成虫苞，幼虫匿居其中取食叶肉，仅留表皮，形成白色条斑，致水稻千粒重降低，秕粒增加，造成减产。

发生相关因子：

（1）耕作制度：20世纪60年代后，东南亚国家大面积推广应用矮秆阔叶水稻品种，提高了复种指数，且推广品种比较感虫。我国南方稻区也进行大规模的水稻改制，北方旱作区扩种了水稻。同时，在全国主要稻区实行了高秆改矮秆品种的更换，加之施肥水平的提高，水稻密植程度的增加，为稻纵卷叶螟南北迁飞提供了适宜的寄主条件，这也是60年代中后期以来，稻纵卷叶螟经常猖獗发生为害的重要原因。随着种植业结构大调整，水稻生产模式从单一纯双季向单双混栽过渡，又变为以单季为主的种植模式，极大地改变了稻纵卷叶螟的食料结构，促进了其种群的增加，而虫源地越南、泰国等东南亚国家水稻种植结构和栽培水平也发生了重大变化，这些均影响稻纵卷叶螟的发生。

（2）品种及栽培管理：不同水稻品种由于叶片嫩绿程度、宽窄厚薄、质地软硬以及植株高矮等原因，其着卵量、幼虫密度和受害程度有明显差异。一般叶色深绿、宽软的品种比叶色浅淡、质地硬的品种受害重，矮秆品种比高秆品种发生重，晚粳比晚籼、杂交稻比常规稻发生重。在栽培措施方面，偏施氮肥或施肥过迟，造成稻苗徒长和叶片下披，同时植株含氮量高，都易诱蛾产卵，利于幼虫结苞，加重为害程度。施用硅肥可以增加水稻对稻纵卷叶螟的抗性。

（3）气候条件：稻纵卷叶螟的生长发育需要适温高湿。温度在22～28℃，相对湿度在80%以上最为适宜。发育期间阴雨多湿有利于发生，高温干旱或低温都不利于其发育。初孵幼虫在日最高温度超过35℃，相对湿度低于80%时，很快就死亡。气温低于22℃，幼虫常潜伏于心叶内，取食活动迟缓。

防治技术：稻纵卷叶螟的防治应以农业防治为基础，通过合理使用农药，协调化学防治与保护利用自然天敌的关系，将幼虫为害控制在经济允许水平之下。

（1）农业防治：①合理施肥，防止稻株前期猛发旺长，后期恋青迟熟，促使水稻生长健壮、发育整齐，适期成熟，提高水稻本身的耐虫能力，缩短为害期。②科学管水，适当调节搁田时期，降低幼虫孵化期的田间湿度，或在化蛹高峰期灌深水2～3天，均可收到较好的防治效果。③及时收获，减少虫源。连作早稻收割时，第三代成虫羽化较少，但随着夏收时间的推迟，从早稻田羽化的成虫逐日增加。因此，应根据水稻成熟程度和虫情，抓紧夏收，及时翻耕灌水，将蛹消灭在羽化之前，以减少第三代虫源，减轻对晚稻的为害。④选用耐虫的高产良种。稻纵卷叶螟为食叶性害虫，水稻叶片的叶型、物理及生化性状与耐虫性有关。在选用稻种时，在高产、优质的前提下，应选择叶片厚硬、主脉坚实的品种类型，使低龄幼虫卷叶困难，成活率低，达到减轻为害的目的。

（2）化学防治：根据水稻分蘖期和穗期易受稻纵卷叶螟为害，尤其是穗期损失更大的特点，药剂防治应狠治水稻穗期世代。可选择25%杀虫双水剂、4%阿维菌素乳油、25%阿维·氟铃脲乳油、甲氨基阿维菌素苯甲酸盐水分散粒剂与微乳剂（含量不低于2%）、10%阿维·氟酰胺悬浮剂、25.5%阿维·丙溴磷乳油、20%氯虫苯甲酰胺悬浮剂、40%氯虫·噻虫嗪水分散粒剂、15%茚虫威乳油、40%～50%丙溴磷乳油、20%甲维·毒死蜱可湿性粉剂、2%阿维·苏云菌可湿性粉剂等。施药时间在1天内以傍晚及早晨露水未干前效果较好，晚间施药效果更好。施药期间应灌浅水3～6厘米，保持3～4天。如在搁田或已播绿肥不能灌水时，药液应适当增加。稻纵卷叶螟的防治一般年份只需施药一次，即可达到消灾保产的目的。

（3）生物防治：①创造有利于天敌生存、繁殖和活动的生态环境，如因地制宜在田埂或稻田周边种植芝麻等显花植物，可保护自然天敌种群及提高其对稻纵卷叶螟的寄生能力和捕食能力（详见生态工程控制水稻害虫技术）。②释放赤眼蜂防治稻纵卷叶螟（详见人工释放赤眼蜂技术）。③选择使用有效的生物农药，如以菌治虫（详见生物农药使用技术）。

稻纵卷叶螟田间为害状

二 化 螟

分布与危害： 二化螟（*Chilo suppressalis*）属鳞翅目草螟科，是我国水稻上的常发性害虫。在我国的大部分稻区都有分布，北起黑龙江，南抵海南岛，东自台湾，西至陕西、甘肃东部、四川、云南等地。年平均温度在8～18℃的地区为其适生区。20世纪90年代以后，二化螟的为害已遍布淮河以南六大稻区，至90年代末，已成为我国南方水稻上最主要的害虫。90年代后期，江苏苏南稻区二化螟急剧上升，严重发生地区的螟害率达20%以上。浙江尤其是东南部，近十多年二化螟回升明显，常常连年、累代大发生。据不完全统计，我国二化螟年均为害面积约1 000万公顷，防治约2 600万公顷次，总经济损失约76亿元。

发生相关因子：

(1) 水稻耕作制度：全国稻区在1956年水稻改制以前，均以二化螟为主要害虫。水稻改制后，三化螟上升为主要害虫，二化螟的为害程度显著下降。20世纪70年代我国螟害轻微。但是，70年代末80年代初，我国农村实行家庭联产承包责任制以后，调整了水稻种植制度，大面积推广了杂交稻，长江流域三化螟种群普遍下降，二化螟又回升为优势种群。20世纪90年代以来，我国主要稻区水稻耕作制度发生了剧烈变化。双季稻面积缩小，单季稻面积扩大，有些地方出现单、双季稻混栽，导致二化螟在我国水稻主产区发生为害严重，甚至暴发。

(2) 气候因子：二化螟抗寒能力很强，黑龙江省克山县冬季最低气温达−40℃，冻土层最深达2～2.7米，仍有二化螟分布。但二化螟抗高温能力较弱，35℃以上不利于其发育，幼虫容易死亡。适温范围在16～30℃之间，在22～25℃下发育最适宜。因此，一般在低温多湿年份，有利于二化螟的生存，发生数量多。在盛蛹期至盛孵期间暴雨，稻田保持深水2天以上时，能淹死大量的蛹和初孵、低龄幼虫，大大减少发生数量，减轻为害程度，是强烈影响二化螟种群消长的重要因素之一。气候还与二化螟卵寄生蜂的寄生率有关系。卵期经常阴雨，不利于寄生蜂的活动，被寄生率低。晴朗少雨，有利于寄生蜂的寄生，被寄生率高。但是，特别高温干旱的年份，也不利于寄生蜂的寄生、繁殖，寄生率低，二化螟发生量多。

（3）寄主植物：二化螟喜欢选择植株高大并正在分蘖盛期和孕穗期，生长茂盛，茎秆粗壮的稻株产卵。在这类稻株上卵块密度高，侵入率和成活率也高，所以为害重。例如杂交稻由于植株高大，茎粗叶阔，茂密嫩绿，二化螟卵块密度高，远远超过常规稻品种。籼稻品种比粳稻品种对二化螟更敏感，粳稻品种茎秆细矮、叶鞘紧贴和脉间窄等形态特征均不利于二化螟侵入，即使侵入，其发育也较慢，死亡率较高。

（4）栽培条件：轻型栽培方式有利于螟虫越冬和为害。免耕和机割技术形成的高留茬，减少了对二化螟越冬代的机械损伤。直播和抛秧没有大苗移栽后的缓苗期，二化螟可由秧田直接到本田为害，卵和幼虫的成活率也显著提高。稀植栽培，水稻植株发育粗壮，为二化螟为害创造了有利条件。合理施肥，用迟效肥料做基肥，酌量搭配速效肥料，并分期看苗追肥，稻苗生长健壮正常，二化螟为害就轻。浅水勤灌，稻苗生长健壮，二化螟转株为害的现象较少，枯心率就低。

防控技术：根据水稻栽培特点和二化螟的发生为害规律，防治二化螟应采取狠治第一、三代，压低第二、四代虫口基数，以农业防治、物理防治、生物防治为主，化学防治为辅的综合防治措施，以达到保苗、保穗效果。

（1）农业防治：利用现代农业机械，通过耕作措施，杀灭越冬代二化螟，使其无法成功越冬到翌年进行繁殖为害，从而有效控制二化螟的大发生。①选用离地间隙小的收割机对水稻进行低茬收割，如能控制稻桩高度在5～10厘米，则可以随稻草清除70%～80%的二化螟越冬幼虫，超级稻田中可以清除90%左右。②冬前利用旋耕机旋耕灭茬，可以直接杀灭稻田中半数左右的各种残余螟虫，同时由于旋耕破坏了二化螟的越冬场所，造成二化螟机械受伤，可以将越冬死亡率提高到90%以上。③后茬无论种植小麦、油菜，还是休闲田，如果春季气温达到10℃以上，二化螟开始化蛹时，结合春耕放水漫灌一次，可以大量淹死二化螟，效果可达90%以上（详见低茬收割和灌水杀蛹技术）。

（2）物理防治：采用灯光诱杀技术，安装时要求呈棋盘状布局，灯与灯之间的距离为200米，单灯有效辐射半径100米，控制面积4公顷左右，杀虫灯的高度为1.3～1.5米（接虫口对地面）。早稻二化螟初见蛾期（4月中下旬）开始点灯，双季晚稻齐穗期（9月中旬二化螟发蛾末期）撤灯，每天晚上20：00开灯，早晨7：00关灯。在灯光诱杀的过程中，由于部分二化螟在扑灯飞行时掉在杀虫灯周围，因而杀虫灯附近的水稻上虫卵量明显高于其他地方，需要利用化学防治进行挑治，以免造成螟害（详见灯光诱杀技术）。

（3）化学防治：为充分利用卵期天敌，应尽量避开卵孵盛期用药。一般在早、晚稻分蘖期或晚稻孕穗、抽穗期卵孵高峰后5～7天用药。可选择20%氯虫苯甲酰胺悬浮剂2～3克/亩、10%氟虫双酰胺·阿维菌素悬浮剂20～40毫升/亩、40%氯虫苯甲酰胺·噻虫嗪水分散粒剂8～10克/亩、20%虫酰肼悬浮剂100～125毫升/亩。施药时田间应保持3～5厘米的浅水层，并保持5～7天。同时要注意合理使用，一季水稻使用次数不要超过2次。

（4）生物防治：①创造有利于天敌生存、繁殖和活动的生态环境，如因地制宜在田埂或稻田周边种植芝麻等显花植物，可保护自然天敌种群，提高其寄生和捕食能力（详见生态工程

控制水稻害虫技术)。②释放赤眼蜂防治二化螟(详见人工释放赤眼蜂技术)。③利用性信息素诱杀二化螟雄虫,降低二化螟交配概率以减少二化螟种群(详见性信息素诱杀技术)。④种植诱虫植物引诱二化螟产卵,降低田间种群数量(详见香根草诱杀技术)。

二化螟成虫、卵块、幼虫、蛹及其为害状(傅强提供)
1.雌成虫 2.雄成虫 3.卵块 4.幼虫和蛹 5.为害造成枯心 6.为害造成白穗

大　螟

分布与危害：大螟（*Sesamia inferens*）属鳞翅目夜蛾科，在我国南抵台湾、海南及广东、广西、云南南部，东至滨海，西达四川、云南西部均有分布，主要发生在黄河以南，在长江以南稻区属常发性害虫之一。大螟性喜温凉，在海拔较高，夏无酷暑，冬无严寒，水稻与玉米或甘蔗混栽的地区，最适宜繁殖和为害。大螟具有趋边为害习性，在水稻上为害造成枯心苗、白穗、枯孕穗和虫伤株。大螟一直被认为是水稻上的次要害虫，没有像二化螟、三化螟那样造成严重危害。20世纪70年代后期大螟种群数量开始上升，80年代到90年代初期大螟种群数量在局部地区上升幅度很大，至90年代中期以后，大螟种群数量在局部地区已超过二化螟，上升为主要害虫。

发生相关因子：

（1）耕作制度与栽培条件：云贵高原的高寒地区，玉米与水稻混栽，华中的滨湖地区，茭白与芦苇混生，广西、福建以及浙东等地山区，甘蔗与水稻混栽，大螟发生量大。有的地区推广小麦套种春玉米，越冬幼虫可转入麦株上取食为害、化蛹和羽化，有利于大螟的繁殖，而且越冬代发蛾盛期正值小麦黄熟收割期，成虫直接飞到玉米上产卵为害，故麦茬田玉米受害普遍较重。稻田免耕的推广降低了翻耕等机械操作对越冬大螟的杀伤作用，增加了残存稻桩的数量。旱育秧移栽、塑盘育秧抛栽和节水灌溉等轻型栽培措施，使水稻生育期推迟，植株嫩绿，有利于第二代大螟发生，且相应的破口抽穗期也比常规栽插的迟3～4天，通常与第三代大螟的蚁螟孵化期相吻合，因而大螟为害加重。推广油菜田免耕直播、水稻机械化收割等措施也使大螟种群数量大幅提升。

（2）寄主植物：大螟具有在不同寄主植物上转移为害的特点，寄主植物的种类和理化性状影响幼虫的成活率、蛹体重量和性比以及成虫产卵量，最终显著影响大螟种群数量。油菜、甘蔗、茭白和玉米等经济、饲料作物面积缓慢增加，为大螟提供了更多的营养和生存处所，特别是对一代大螟十分有利。山区种植旱稻或杂草较多，湖区芦苇较多，往往有利于大螟发生。杂交稻及超级稻面积的不断增加，也是大螟发生加重的原因之一。稻秆粗高、叶鞘厚、叶鞘含糖量高而含氮量较低、维管束间距大、木质化程度低，有利于大螟产卵、蚁螟侵入和幼虫发育，而且其株型高，茎秆腔大，可给大螟提供适宜的取食空间和活动区域，利于幼虫化蛹，提高其存活率。

（3）其他因素：一直以来因大螟在田边为害，造成损失不严重，人们也只是在防治二化螟或者三化螟的时候进行兼治。而且其寄主植物种类多，导致大螟的发生期不整齐而容易漏治。

防控技术：根据大螟的发生特点，采取以农业防治、物理防治和生物防治为主，化学防治为辅的综合防治措施，达到保苗保穗的效果。

（1）农业防治：①改进栽培技术，适当推迟水稻播栽期，可有效避开一代大螟的大量虫源，并错开水稻破口期与三代大螟的卵孵盛期，减轻为害。②玉米、茭白等作物和一些杂草为大螟一代的发生提供了充足的食料和桥梁田，5～6月铲除田埂、沟渠和路边的杂草，对附近芦笋、玉米和茭白等作物进行药剂防治可显著降低一代大螟的虫口密度。③合理施肥，改善作物的营养条件，提高植株的抗虫能力。稻田施用硅肥能促使稻茎坚实，减轻大螟的为害。④深耕翻土和改良土壤，不仅破坏大螟的越冬场所，减少其虫源基数，还可以把杂草翻入土中，减少了大螟的食料。⑤在大螟盛孵和化蛹前，田间只留遮泥水，使蚁螟为害或化蛹部位降低，盛孵或化蛹高峰后，猛灌深水13 ~ 16厘米，可消灭大量螟虫。

（2）化学防治：在水稻与玉米混栽，单季稻与双季稻并存，早、中、晚稻混栽的地区，采取狠治一、二代，挑治第三代的对策；在纯双季稻区，狠治一代，挑治二代的枯鞘、枯心团。防治水稻枯心苗以大螟孵化高峰后2 ~ 3天内，初孵幼虫第1次分散为害以前，在枯鞘阶段用药防治。根据大螟喜在田边数行稻苗上产卵的习性，在田边需重点防治。药剂防治可选择20%氯虫苯甲酰胺悬浮剂10 ~ 15毫升/亩、40%氯虫·噻虫嗪水分散粒剂8 ~ 10克/亩、30%水胺·三唑磷乳油70 ~ 100毫升/亩、15%氟铃脲·三唑磷乳油80 ~ 100毫升/亩。

（3）生物防治：①创造有利于天敌生存、繁殖和活动的生态环境，如因地制宜在田埂或稻田周边种植芝麻等显花植物，可保护自然天敌种群，提高其对大螟的寄生能力和捕食能力（详见生态工程控制水稻害虫技术）。②释放稻螟赤眼蜂防治大螟（详见人工释放赤眼蜂技术）。③种植诱虫植物引诱大螟产卵，减低田间种群数量（详见香根草诱杀技术）。

大螟成虫、卵、幼虫和蛹（傅强提供）

1.成虫　2.卵　3.幼虫　4.蛹

下　篇
绿色防控技术

农 业 措 施

隔离育秧技术

技术原理：隔离育秧是水稻栽培技术上的重要革新，在苗床床底铺一层隔离物，上面再铺客土，种子播在客土上，然后再覆盖无纺布防虫网等隔离物，以防止水稻病虫为害。

适用范围：适用于预防苗期病虫害。

具体方法：

（1）苗床土选择：选取肥沃且熟化结构好的旱田土、无杂草的园田土、山地腐殖土或秧田地的土壤作为床土。在农闲时当土壤含水量在15%左右时，把床土粉碎过筛，使细土粒径不大于5毫米，同时去除杂草、稻茬等杂物。掺拌腐熟过筛的优质农家肥，土与农家肥的比例以6 ： 4或7 ： 3 为好。每20米^{2}床面需备足营养土0.2 ～ 0.3米^3。也可用壮秧剂与营养土混合使用。

（2）制作育秧床：按秧田与大田比例1 ：（60 ～ 80）留足秧田面积，每个床面长10米（也可以根据秧田情况加长或缩短）、宽1.2米，床沟宽0.3米、深0.3米。床面制作要精细，先用旱找平方法，使床面达到实、平、光的标准。秧床做好后灌水泡床洗盐碱，再进行水找平，床面之间高低相差不超过0.3厘米。

（3）盖土封布盖草：播种后在盘面撒一层盖种细土，厚度0.3 ～ 0.5厘米，以看不见芽谷为宜，防止厚薄不均。不需起拱

无纺布隔离育秧

棚，在软盘表面沿秧板纵向每隔50～60厘米平放1根芦苇秆或一薄层麦草后平盖无纺布防虫网，以防无纺布与床土粘贴在一起，无纺布拉直、拉平后直接盖于塑盘上，留出一定生长空间，两侧用土压实、压严。一般用无纺布的不需盖草，但遇高温天气可加盖一层薄草（厚度以看不见无纺布为宜），防止晴天中午高温烧芽。盖布后灌一次平沟水，湿润全部秧板后再排水。齐苗前应开好平水缺，防止下雨淹没秧板，造成烂芽。用防虫网在秧苗立针期直接覆盖秧板。秧苗1叶1心期（播种10天左右）插弧形支架将防虫网架起，将防虫网边埋入土中5～8厘米，用泥巴密封，确保无稻飞虱等害虫入网。

注意事项：盐碱地土壤pH偏高，一般要求床土pH调到4.5～5.0为好。在盐碱地育苗，床土调酸是极为重要的技术环节，是培育壮秧、防止盐碱危害、预防立枯病发生的保证措施。如果使用调酸型壮秧剂，可以免去酸化处理过程，方便易行。因土壤各异，各产品规格不同，使用时要看说明，再根据当地土壤pH确定用量。

应用实例：安徽普济圩农场使用隔离育秧技术，秧苗1个月时未查见灰飞虱，也未查见条纹叶枯病病株，对条纹叶枯病的控制效果达100%（郑学敏和周翔俊，2011）。江淮和黄淮单季稻区在水稻育秧时，利用防虫网阻隔灰飞虱传播条纹叶枯病取得显著的防治效果（杨国英等，2012）。广东雷州市的试验表明，不同目数的防虫网对秧田期稻飞虱和南方水稻黑条矮缩病的防效均达到100%，晚稻育秧期间若高温、强日照，则不适合防虫网覆盖（黑秀银等，2013）。江苏连云港的试验表明，利用隔离育秧技术，秧苗覆盖防虫网可有效控制灰飞虱虫口数量，阻止带毒灰飞虱在秧田期对水稻的集中侵染，对防止大田黑条矮缩病发生效果极显著，能显著提高水稻产量（李荣花等，2012）。

低茬收割和灌水杀蛹技术

技术原理：通过耕作措施，杀灭越冬代螟虫，使其无法成功越冬到翌年进行繁殖为害，减少越冬基数，从而有效控制水稻螟虫的大发生。

适用范围：可用于减少水稻大螟、二化螟或三化螟的发生基数。

具体方法：

（1）越冬代螟虫灌水灭蛹：选用离地间隙小的收割机对水稻进行低茬收割，控制稻桩高度在5～10厘米。根据当地监测，在越冬代螟虫化蛹高峰期，对冬闲田进行翻耕，将残留稻桩、稻草翻入土中，并灌水淹没，保持7～10天，杀灭越冬螟虫，降低虫源基数。低茬收割或粉碎稻桩的稻田，还可在越冬代螟虫幼虫化蛹初期采取烤搁田或灌浅水，促使其降低化蛹部位，然后在化蛹高峰期猛灌深水，没过稻桩7～10天。绿肥田则掌握在盛花期翻耕，并灌水沤田，绿肥留种田也要在绿肥始荚期灌深水灭蛹，持水3～4天后排干。麦、油菜等作物在收获后立即灌水翻耕。

（2）水稻生长期间灌水灭蛹、杀虫：在水源比较充足的地区可以根据水稻生长情况，在一代二化螟化蛹初期先排干田水2～5天或灌浅水，降低二化螟在稻株上的化蛹部位，然后灌水9～12厘米，保持3～5天，可使蛹窒息死亡；还可在二代二化螟一至二龄期在叶鞘为害时灌深水淹没叶鞘2～3天，能杀死部分害虫。

注意事项：

（1）加强监测，在二化螟化蛹高峰期灌水。

（2）低茬收割或粉碎稻桩的稻田，在化蛹高峰时也可直接灌深水没过稻桩。

应用实例：水稻收割时，能控制稻桩高度在5～10厘米，则可以随稻草清除70%～80%的二化螟越冬幼虫，超级稻田中可以清除90%左右（黄水金等，2010）。利用旋耕机旋耕灭茬，可以直接杀灭稻田中半数左右的各种残余螟虫，同时由于旋耕破坏了螟虫的越冬场所，造成螟虫机械受伤，可以将各种螟虫的越冬死亡率提高到65%以上。在此基础上，根据当地监测，在越冬代螟虫化蛹高峰期，对冬闲田进行翻耕，将残留稻桩、稻草翻入土中，并灌水淹没，保持7～10天，可有效杀灭越冬螟虫，降低虫源基数（王藕芳等，2002；张纪英，2005）。

低茬收割（上）和越冬代灌水灭蛹（下）

种养结合技术

技术原理：常规稻作生产主要依靠施用化学药剂来控草、杀虫、灭菌，以获得高产稳产。但化学药剂的大量使用，不仅污染农业环境，降低稻米品质，影响稻田生物多样性，使有益生物种群受到制约；同时，也致使病、虫、草抗药性增强，从而破坏稻田生态系统的稳定性。利用种养结合控制有害生物是农业可持续发展的重要途径。稻田种养目前成功的模式有稻田养鸭、鱼、鳖等多种，有效控制了虫害、病害、草害的发生，构成良好的生态循环，获得较好的经济和生态效益。其中以稻田养鸭技术最为成熟，稻鸭共作是基于稻作水田条件，水稻种植和家鸭田间放养相结合的生态环保型综合农业生产技术，利用鸭子取食的多样性、活动的长时性和粪便的增肥性，有效控制水稻病虫害的发生和为害，减少化学农药和化肥的使用，从而生产出安全、优质的稻米。以稻鸭共养为例阐述稻田种养技术，具体如下。

适用范围：在我国南北稻区均可进行稻田种养。

具体方法：

（1）田间设施建设：稻田四周用尼龙网或塑料网片围成防逃圈，网高60～80厘米，每隔1.5～2米竖一支撑杆。在稻田一角按10只/米^{2}的密度建鸭舍，舍顶遮盖、三面作挡，确保不透风漏雨和防止老鼠等动物窜入。舍底用木板或竹板平铺，舍下或舍旁挖一个2倍于鸭舍大小、50～60厘米深的水涵供鸭子栖息嬉水。稻田中开挖35厘米宽、30厘米深的水沟若干条，在放鸭期间始终满水，供鸭子活动。

（2）鸭品种选择：选择生活力、适应力、抗逆性均较强的中小型优良鸭品种，如麻鸭、杂交鸭等，以适应水稻栽培特点，使鸭在稻田中能自由穿行。

（3）放养密度：大鸭一般为每亩15只左右，幼鸭可根据情况适当增加。

（4）鸭子入田时间：一般要求雏鸭孵出20天、体重100克以上，水稻抛秧15天、移栽12天以上。成年鸭应适当推迟2～3天下田。

（5）入田前采食训练：雏鸭入田前先进行采食训练，先调教采食落地谷子，将谷子撒入浅水中让鸭去啄食，多次后形成条件反射。此后放鸭入田采食稻田里的杂草、昆虫和水生动物等食物。

（6）补充饲料：每天每只鸭补饲50～100克稻谷、玉米、饲草等饲料，平时喂养时使鸭子养成听到某种声音集拢的习惯，定时、定点饲喂，视具体情况增减饲喂量，不可过足、过少。当稻田虫害较重时集中放鸭治虫，酌情减少补充饲料，让鸭子处于半饥饿状态，充分发挥防治害虫的作用。

（7）合理安排放牧时间：鸭正式下田与水稻共育后，应每天早上8时以前把鸭放下大田，晚上5时30分左右赶鸭回栏内休息。炎热的夏季应在上午9时前和下午凉爽的时候放鸭。

（8）茬口安排：轻小型肉鸭饲育2个月即可达到上市的标准，一般单季稻田至少可养2批，双季稻田至少可养3批。接茬过程中要做到全进全出，并对空栏舍严格消毒。

注意事项：

（1）稻田尽可能不施用农药，必要时使用低毒、高效、低残留农药对水稻病虫害进行应急防治。

（2）稻田施药前及时收鸭归舍，安全间隔期后再放鸭下田。

稻田施药安全间隔期内，鸭子饮用水与稻田水应分开，防止鸭中毒。

（3）鸭子喜食稻穗，在水稻抽穗时应及时将鸭从稻田里收回，围于田间鸭舍或室内。

应用实例： 甄若宏等（2004）在南京农业大学东台试验场的试验结果表明，对照区、稻鸭共作区、常规稻作区的杂草密度分别为122.8、4.8、32.0株/米^2，稻鸭共作区处理对杂草的综合防效为96.1%，常规稻作区处理为73.9%。杨治平等（2004）在湖南省桃江县中稻上的试验表明，稻田放鸭对第四代、第五代褐飞虱控制效果均十分显著。禹盛苗等（2004）在中国水稻研究所的研究表明，稻鸭共育田分蘖高峰期和齐穗期的纹枯病平均丛发病率分别为59.5 %和19.9 %，比不养鸭对照平均高47.6%和5.9%，但平均病情指数仅分别为11.7%和12.5%，比不养鸭对照田低67.1%和52.5%。

稻田养鸭

减肥控害技术

技术原理：目前我国水稻生产中，存在3个突出问题：①肥料（特别是氮肥）施用量大，利用率低，环境污染重。发达国家的水稻氮肥利用率为50%左右，我国仅为30%左右。②病虫害多，农药用量大。由于施肥和栽培技术不当，导致水稻群体过于郁蔽，病虫害大量滋生。为了保住产量，农民大量使用农药，对稻米的食用安全构成威胁。③产量不稳，种稻成本高，经济效益低，攻高产易发生倒伏，产量往往反而不高，沿海地区台风多，倒伏更为严重。水稻减肥控害技术原理是减肥、控苗、控病虫。减肥就是控制总施氮量和基蘖肥施氮量，提高氮肥利用率，减少环境污染；控苗就是控制无效分蘖和最高苗数，提高茎蘖成穗率和群体质量，实现高产稳产；控病虫就是优化群体结构，增加群体通透性，控制病虫害的发生，减少农药用量，提升稻米食品安全。

适用范围：单季稻、双季稻均适用。

具体方法：

（1）选用良种，培育壮秧：选用适合当地的高产优质良种，适时播种，播种前晒种1～2天，进行种子精选和消毒，然后浸种催芽。当达到“根一粒谷长、芽半粒谷长”时，即可播种。湿润育秧每亩秧田施三元复合肥（含氮量15%以上）25千克作基肥，2叶1心期每亩施尿素3千克和氯化钾3千克作“断奶肥”，移栽前3～4天每亩施尿素5～10千克作“送嫁肥”。

（2）合理密植，插足基本苗：根据育秧方式不同，采用人工插秧、抛秧、机插或铲秧栽插等方式。早稻栽插规格为20厘米×16.7厘米或20厘米×20厘米，或抛秧50盘（434孔秧盘）或40盘（561孔秧盘），每亩栽插或抛植1.6万～2.2万穴，杂交稻每穴1～2粒谷苗，每亩基本苗数达到3万苗以上，常规稻每穴3～4粒谷苗，每亩基本苗数达到6万苗以上。

（3）制订施肥方案，确定总施肥量与不同时期施肥量及比例：总施氮量根据目标产量与无氮区地力产量来确定，以地力产量为基础，每增产100千克稻谷需增施纯氮5千克左右。缺乏无氮区产量资料，可根据目标产量和氮肥偏生产力来计算，总施氮量（千克/亩）=目标产量（千克/亩）/氮肥偏生产力。氮肥偏生产力是衡量氮肥利用效率高低的指标，可取45～50千克稻谷每千克纯氮。如目标产量为500千克/亩，则总施氮量为10.0～11.1千克/亩。总施氮量确定后，双季稻一般按基肥40%、分蘖肥20%左右、穗肥30%、粒肥10%的比例，单季稻一般按基肥50%、分蘖肥20%左右、穗肥20%、粒肥10%的比例确定各阶段的施肥量。总施氮量确定后，按$N : P_2O_5 : K_2O=1 : (0.2 \sim 0.4) : (0.8 \sim 1)$的比例，估算磷、钾肥施用量。

分蘖肥的施用时间为从移栽到穗分化开始的中间点。早稻一般在移栽后的15～17天，晚稻一般在移栽后的12～15天。穗肥的施用时间在幼穗分化Ⅱ期，早稻一般为移栽后的35～40天，晚稻一般为移栽后的30～35天。粒肥的施用时间在破口抽穗期。

直播稻的氮肥施用时间和比例：基肥占15%～20%，三叶期占15%～20%，分蘖肥占40%左右，穗肥占20%左右，粒肥占5%～10%。

磷、钾肥施用时间和比例：磷肥全部作基肥施用，钾肥一半作基肥或分蘖肥施用，另一半作穗肥施用。

（4）合理的水分管理：移栽后保持浅水层，促进早回青、早分蘖，当全田苗数达到有效穗数80%～90%时（早稻移栽25天左右，晚稻移栽20天左右），开始晒田，但不要重晒。倒2叶抽出至剑叶露尖时停止晒田，此后保持浅水层至抽穗。抽穗后保持田间干干湿湿，养根保叶，收割前7天左右断水，不要断水过早。

注意事项：

（1）要保证栽插密度，双季稻每亩栽插1.6万～2.2万穴，单季稻每亩栽插1.0万～1.2万穴，不能太稀。

（2）保水保肥能力差的土壤，或者栽插密度和基本苗数达不到要求的，应在移栽后5～7天增施尿素3～5千克。

（3）农家肥、绿肥和秸秆等有机肥，根据其适用量和养分含量，计入总施肥量中，再确定化肥使用量。

（4）如用复合肥，则各时期施肥量以氮肥为基准折算，余下部分用单质肥料补足。

（5）在水分管理上，中期晒田不要太重，后期断水不要太早，采用控肥技术，水稻的无效分蘖大幅减少，不宜重晒田，也没有必要重晒田。由于穗子较大，后期绿叶也较多，要保证灌浆中、后期水分供应，才能保证谷粒充实饱满。

（6）采用控肥技术，水稻前期生长缓慢，分蘖较少，叶色较淡，这是前期控肥的结果，是正常的。只要按规程操作，达到目标产量的有效穗数不成问题。

应用实例：郑许松等（2015）在浙江省宁波余姚和台州临海2地进行的减肥控害试验显示，浙粳88和甬优18的控肥处理氮肥施用量分别比对照减少26.89%和12.68%，产量分别增加9.85%和12.58%，每亩产值分别增加155.1元和211.8元。浙江萧山以单季稻浙粳88和春优84为材料的试验结果表明，减肥控害处理稻田中的主要害虫稻飞虱和稻纵卷叶螟、主要病害纹枯病和稻曲病的发生和为害均较对照显著减轻，且浙粳88和春优84分别增产7.21%和1.68%。

减肥区（左）和对照区（右）稻田（郑许松提供）

减肥区（左）和对照区（右）的稻穗（郑许松提供）

理　化　诱　控

灯光诱杀技术

技术原理： 灯光诱杀是利用害虫的趋光性来诱杀害虫的一种措施。灯光诱杀是一种重要的物理防治措施，是害虫综合治理的重要组成部分，也是害虫监测的重要措施。利用灯光诱杀害虫技术控制农业害虫，不仅杀虫谱广，诱虫量大，且害虫不产生抗性，对人畜安全，安装简单，使用方便。诱虫灯的种类很多，有黑光灯、高压汞灯、白炽灯、节能灯、频振灯等。近年来，LED灯、太阳能灯等环保节能灯具也应用于农林害虫的监测与防控。利用诱虫灯监测褐飞虱等水稻害虫的工作也开展多年。通过灯光诱杀，可以减少水稻螟虫、稻飞虱、叶蝉、稻瘿蚊等水稻害虫的基数。

适用范围： 适用于稻飞虱、水稻螟虫等水稻害虫的防治。

具体方法：

（1）设备安装：根据厂家说明书，请专业电工进行安装。

（2）挂灯高度：挂灯高度以杀虫灯底座距离地面1.2米左右，若地势低洼则可提高至1.5米。

（3）田间布局：诱虫灯的田间布局多采用棋盘式连片布局。根据单灯控制面积（30～50亩）及田块的具体特征，采用棋盘式连片合理设置诱虫灯。

（4）使用时间：诱虫灯在双季稻区使用时间为5～10月。具体开灯时间应根据田间水稻害虫成虫发生情况而定。一般20时开灯，24时关灯。

（5）管理与维护：诱虫灯的电网需要经常清理才能保证其正常运行。诱虫灯使用期间，应适时定期清理电网和接虫袋或接虫盘内的虫体。

注意事项：

（1）杀虫灯冬天不用时最好撤回保养，放置在阴凉干燥的仓库中。

（2）安装要请专业电工进行，雷电天气尽量不要开灯。

（3）及时收集接虫袋中的虫体并断电清理电网。

（4）由于灯光诱杀会对部分天敌造成伤害，应控制开关灯的时间，尽量减少开灯次数，减少对天敌种群的伤害。

（5）由于在杀虫灯下1米半径范围内虫量会增加，可以辅以其他防控措施进行解决。

应用实例：在水稻二化螟、稻飞虱发生较轻的情况下，湖南省南县、安仁两地太阳能杀虫灯和普通拉线杀虫灯均能控制其为害，前者对二化螟、稻飞虱的防治效果分别为80.29%～87.74%、83.48%，后者的防治效果分别为80.43%～89.03%、83.74%（郑和斌等，2013）。云南西双版纳单灯每晚诱虫量在6.7～224克之间，灯诱水稻害虫主要种类为稻飞虱、三化螟、稻纵卷叶螟，偶尔有少量大螟、椿象等（龙艳等，2012）。河南信阳试验共进行82天，平均总诱虫量约5.6万头，主要水稻害虫为稻飞虱、叶蝉、二化螟、大螟、稻纵卷叶螟、稻螟蛉、三化螟，其中稻飞虱占总诱虫量的58.68%，叶蝉占总诱虫量的32.97%（陈俊华等，2015）。湖北荆门5月1日至6月10日越冬代二化螟羽化结束，期间开灯32天，有9个雨日。该时段单灯诱杀越冬代二化螟成虫3 235头，单灯单日诱杀越冬代二化螟成虫最高达350头（5月8日）；7月10日至8月20日期间，开灯33天，有9个雨日，该时段单灯诱杀一代二化螟成虫5 430头，高峰期单灯诱杀量在320头以上（魏先尧等，2014）。

太阳能频振式杀虫灯（周宇杰提供）

性信息素诱杀技术

技术原理：昆虫性信息素是由昆虫的某一性别的个体分泌于体外，被同种异性个体的感受器所接受，并引起异性个体产生一定的生殖行为反应（如觅偶定向、求偶交配等）的微量化学物质。在自然界中，雌成虫在性成熟后会释放性信息素，吸引雄成虫与之交配以繁衍后代。昆虫性诱剂产品利用雌性害虫性信息素能引诱雄性害虫的特点，通过在诱捕器中放置可以释放性信息素的诱芯以诱捕雄性害虫，降低害虫交配概率，最终达到防治目的。

适用范围：适用于性诱剂诱芯对应的鳞翅目害虫，包括二化螟等。

具体方法：

（1）于二化螟开始羽化前期即开始设置性信息素诱捕器。

（2）根据产品信息设置性诱剂密度，一般为每亩1 ~ 2个。

（3）诱捕器的下沿要与水稻叶面齐平或略低于水稻叶面。

（4）根据产品信息定时更换诱芯，一般为每月更换一次。

注意事项：

（1）选择正确的诱芯产品：由于性诱剂的地理区系差异和性信息素化合物在自然环境条件下的不稳定性，不同厂家生产的诱芯质量差异较大。因此，在大面积使用前，应该先开展小范围的试验以筛选适合当地的诱芯产品。

（2）诱芯保存方法：性信息素产品易挥发，需要存放在较低温度（−15 ～ −5℃）的冰箱中；短时间保存应该远离高温，避免暴晒，使用前才打开密封包装袋。

（3）选择正确的诱捕器：由于不同的厂家设计生产的诱捕器有所不同，选择合适的诱捕器十分重要。

（4）设置面积：为减少成熟雌虫入侵造成防治效果下降，防治面积最好在50亩以上。同时，在诱捕器设置上一般外围密度高，内圈特别是中心位置可以减少诱捕器的放置数量。

应用实例：浙江省奉化市的二化螟性诱剂大田试验结果显示，性诱剂可以有效防治二化螟，显著降低枯心率（蒋永太等，2011）。广东省韶关市的研究结果也表明二化螟性诱剂可以显著降低稻田中二化螟卵量，防治效果与化学农药相当（石海英和张俊艳，2011）。湖南省的研究结果也显示无论是早稻还是晚稻，性诱剂都可以对二化螟起到较好的控制作用（黄志农等，2009）。在湖南省衡山县进行的二化螟性诱剂和稻纵卷叶螟性诱剂田间试验发现应用性诱剂田间的枯鞘率、枯心率和卷叶率都要低于农民自防区的稻田，而且蜘蛛的数量要显著高于自防区稻田，生态效益明显（刘龙生等，2013）。

性诱剂及诱捕器的使用（田俊策提供）

香根草诱杀技术

技术原理：香根草能够有效诱集水稻螟虫雌成虫在其上产卵，且孵化出的幼虫在香根草上不能完成生活史。根据这一特性，可在水稻田埂种植一定比例的香根草来诱集水稻螟虫产卵并集中消灭，可达到有效控制螟虫为害的目的。

水稻田埂上的香根草诱集带

适用范围：可用于防治水稻大螟、二化螟。

具体方法：

（1）香根草种苗准备：香根草根系过于密集粗壮，靠人力很难分开，需借助刀、锄等工具，顺其分蘖长势，平衡用力，由大到小将其分开，5 ～ 10个分蘖为一束。将距离根基30 ～ 40厘米以上的茎和5 ～ 15厘米以下的根系切掉，以提高香根草的成活率。

（2）香根草种苗活力恢复：香根草种苗经挖掘、运输、分株，水分大量流失，有的根系几乎干枯，严重影响其恢复力。为缩短其恢复过程，促进成活与生长，除采取措施尽量保湿运输外，种植前可将根系与苗基部浸入水中一天促其长出新根。

（3）香根草种植方法：香根草种植时期宜选择在4～6月和9～10月。深挖浅栽，泥土覆住香根草根部即可，以茎基节埋入土中3～4厘米为宜。种植间距3～5米一丛，水稻田埂上香根草诱集带的间距控制在50米以内。

（4）香根草后期管理：香根草是嗜磷植物，应考虑多施磷肥，整个生长季施基肥1次，磷肥与有机肥作基肥；追肥2～3次，肥料以氮、磷、钾复合肥最佳，每次施肥量每丛10克左右。当香根草过高时进行适度剪割，使其高度保持在150厘米左右，这一高度对稻田光照不会造成影响，同时不影响其诱集效果。

注意事项：

（1）移栽时注意不要把根系折弯朝上。

（2）栽后遇连续晴天，应及时浇定根水，以确保种植成活率。

（3）在4～6月，注意清除杂草、适当浇水、适当使用杀虫剂使香根草快速生长和分蘖。

应用实例：郑许松等（2017）在浙江省温岭市大溪镇的试验结果表明，香根草行间距50米、丛间距4米这样的田间布局，对二化螟的田间控制可以起到很好的效果，不同距离上虫口减退率76.2%～92.5%。

水稻螟虫为害香根草造成枯心（左）和为害香根草后死亡的二化螟（右）

香根草种苗准备（左）、种植（中）和修剪（右）

香根草的种植及施肥（田俊策提供）

生　物　防　治

人工释放赤眼蜂技术

技术原理：赤眼蜂是一种卵期寄生蜂，其成虫将卵产在寄主卵内，在寄主卵内取食、发育致使寄主卵死亡，从而控制害虫数量，达到防治目的，是大面积防治鳞翅目害虫较为理想的措施。

适用范围：可用于防治水稻上大部分鳞翅目害虫，包括二化螟、稻纵卷叶螟和大螟，但对三化螟效果不佳。寄生二化螟和稻纵卷叶螟的赤眼蜂有稻螟赤眼蜂、螟黄赤眼蜂、松毛虫赤眼蜂和玉米螟赤眼蜂，寄生大螟的赤眼蜂为稻螟赤眼蜂。

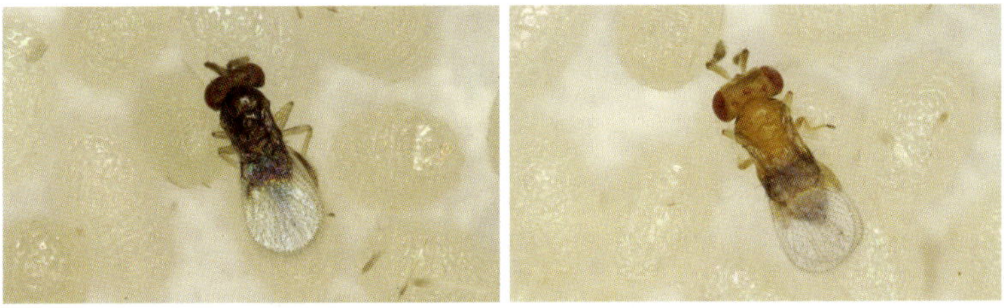

稻螟赤眼蜂（左）和螟黄赤眼蜂（右）（臧连生提供）

具体方法：

（1）释放时间：于二化螟、大螟羽化高峰期或稻纵卷叶螟迁入代蛾高峰期开始释放赤眼蜂。每代一般释放2 ~ 3次；偏重发生或成虫期延长时，应增加1 ~ 2次释放次数。两次释放间隔4 ~ 6天。

（2）释放蜂量：每次放蜂9万～15万头/公顷。

（3）释放点数：每公顷均匀设置75～120个放蜂点，每点间隔约10米。

（4）释放方法：将蜂卡粘贴在一次性纸杯（高约10厘米）内壁上，纸杯倒扣，用细线或绳悬挂在木棍或竹竿上，插入田间。杯式释放器可直接悬挂在稻株、木棍、竹竿上。蜂卡或释放器挂放的高度与水稻叶冠层齐平，并随植株生长进行高度调整。高温季节蜂卡应置于叶冠层下5～10厘米处，以提高赤眼蜂出蜂率。抛撒式释放器可以直接投入田中。蜂卡或释放器应避免阳光直接照射。

注意事项：

（1）清晨5～7时或傍晚16～18时为最佳放蜂时间。避免大雨大风等恶劣天气时放蜂。

（2）放蜂期间避免使用对赤眼蜂具有毒性风险的农药，对赤眼蜂相对安全的生物农药，如苏云金杆菌等仍可使用。

（3）放蜂时要严格按照技术要求，释放面积要大，地块集中连片。

（4）有条件的稻田可以在田埂上种植蜜源植物，提高寄生效果。

应用实例：在湖南长沙县和湘阴县的优质稻基地大面积释放稻螟赤眼蜂试验表明，稻螟赤眼蜂可以有效控制二化螟和稻纵卷叶螟，防效与化学防治相当（黄志农等，2012）。在福建省建阳市，人工释放稻螟赤眼蜂对稻纵卷叶螟的防效可高达77%（张仁，2012）。在广西，释放螟黄赤眼蜂防治稻纵卷叶螟也同样取得了较好的效果，螟黄赤眼蜂校正寄生率为43.18%～83.23%，保叶效果为75.12%～96.4%（蒋庆琳等，2016）。而在辽宁省的辽河三角洲稻区，利用螟黄赤眼蜂可以有效防治二化螟，防治效果稳定在70%以上（王丹和马晓慧，2015）。

赤眼蜂放蜂器（田俊策提供）

释放球的使用（田俊策提供）

放蜂器的使用（田俊策提供）

生物农药使用技术

技术原理： 农药选择时充分考虑在靶标生物和非靶标生物之间选择性地杀死或抑制靶标生物而尽可能地不杀伤非靶标生物，优先选用对天敌杀伤作用小的生物农药，以免削弱天敌的自然控制作用。

适用范围： 全国稻区。

具体方法： 转变传统的药剂选择观念，把选择性、生态安全性、农产品质量安全等作为选择药剂的主要指标。可在幼虫孵化高峰期至一至二龄期用30亿个多面体（PIB）/毫升甘蓝夜蛾核型多角体病毒悬浮剂50毫升。田间稻纵卷叶螟产卵高峰至卵孵盛期也可使用50～100克/亩 1×10^5 个包涵体（OB）/毫克稻纵卷叶螟颗粒体病毒 + 1.6×10^5 国际单位/毫克Bt可湿性粉剂对水均匀喷雾，可提高单剂的防效，还可充分发挥稻纵卷叶螟颗粒体病毒的作用。另外，还可在卵孵盛期用100毫升/亩100亿孢子/毫升短稳杆菌悬浮剂防治二化螟。在田间低龄若虫高峰期用9% 12α-羟基鱼藤酮水乳剂100～120毫升/亩防治白背飞虱和褐飞虱。用80亿孢子/毫升金龟子绿僵菌可分散油悬浮剂80～120毫升/亩防治稻飞虱。用24%井冈霉素水剂30～40毫升/亩或 10×10^8 菌落形成单位（CFU）/克枯草芽孢杆菌100克/亩防治水稻纹枯病。用2.5%井冈·100亿活芽孢/毫升枯草芽孢杆菌水剂250～300毫升/亩或6%井冈·260亿活芽孢/毫升枯草芽孢杆菌粉剂90～120克/亩防治水稻纹枯病和稻曲病。

注意事项： 生物农药的防治适期应掌握在初孵幼虫期，但在蚕桑养殖区Bt制剂不宜使用，以免家蚕感染。

应用实例： Bt杀虫剂在安徽、四川、黑龙江、吉林、江西、江苏等多地用于防治水稻螟虫与稻纵卷叶螟，其对二化螟的防效可达65.31%～96.69%，对稻纵卷叶螟的杀虫效果可达88%～97.17%，表现出较好的杀虫效果（郭荣，2011）。甘蓝夜蛾核型多角体病毒悬浮剂对稻纵卷叶螟的14天防效达83%～94%（邓方坤等，2014；王国荣等，2016）。多杀菌素、球孢白僵菌（*Beauveria bassiana*）、短稳杆菌等对稻纵卷叶螟、二化螟等鳞翅目害虫具有较好的杀虫活性（陈雪琴等，2011；高小文等，2012；陈莉莉等，2014；翟宏伟等，2014）。稻纵卷叶螟颗粒体病毒（*Cnaphalacrocis medinalis granulo virus*，CnmeGV）也是一种很有潜力的生物防治药剂，可用来防治稻纵卷叶螟（张珊等，2014）。稻纵卷叶螟颗粒体病毒与Bt联合增效作用明显，初始感染死亡时间较单独使用缩短3天，感染死亡率提高20.23%，且持效期在30天以上（刘琴等，2013）。莫娟等（2014）利用植物源生物农药9% 12α-羟基鱼藤酮水乳剂防治稻纵卷叶螟、白背飞虱和褐飞虱，取得良好的防治效果。黄福旦等（2019）用80亿孢子/毫升金龟子绿僵菌可分散油悬浮剂防治稻飞虱，取得良好的防治效果。井冈霉素及其主要成分井冈霉素A对水稻纹枯病具有很好的防效（廖玲玲等，2017），也可用于防治稻曲病。另外，枯草芽孢杆菌对水稻纹枯病和稻瘟病具有较好的防效（张俊华等，2019），与井冈霉素联合使用对水稻纹枯病和稻曲病的防效更佳，达73.9%～84.6%（陈志谊等，2003）。

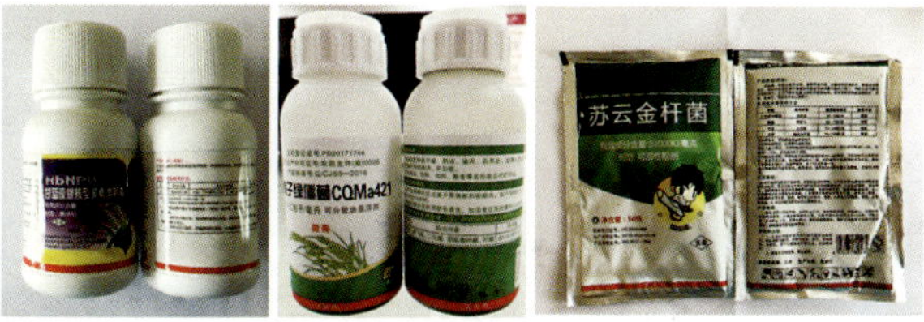

稻田常用生物农药

生　态　调　控

生态工程控制水稻害虫技术

技术原理：依靠大量连续的化学肥料和农药等投入品以实现作物高产的集约化农业生产，导致农田生态系统生物多样性急剧降低，生态系统服务功能减弱甚至消失，引起病虫害频繁暴发成灾，又促进农药使用量不断增加。生态工程控制水稻害虫技术是在对当地稻田生态系统各关键因子调查分析的基础上，针对水稻害虫的控制进行稻田生态系统的合理设计，调节和恢复稻田生态系统中害虫与天敌之间的均衡性，使水稻害虫种群量处于相对较低的水平（即经济阈值之下）；是利用害虫和天敌之间的关系设计控制害虫的一项措施，在生态景观层面进行人为设计，平衡生物多样性需求，提升生态系统的服务功能。

适用范围：全国稻区。

具体方法：

（1）田间合理布局，增加稻田生物多样性，保护天敌数量：通过稻田景观的合理布局，布置功能性强的、较少受人为干扰的非作物生境，提高稻田生态系统的生物多样性，为害虫天敌（捕食性和寄生性）提供越冬或避难场所以及替代猎物或蜜源等，提高生态系统中天敌的多样性及其生物防治功能。具体措施包括冬季种植绿肥植物、田埂留草（花）等栖境植物，插花种植茭白、田边种植秕谷草等储蓄植物，田埂种植芝麻等蜜源植物。另外，利用不为害水稻的伪褐飞虱或拟褐飞虱与为害水稻的飞虱共有天敌且在本地可以越冬的特点，构建了一种可保护和提高稻飞虱寄生蜂数量的秕谷草-伪褐飞虱或拟褐飞虱-缨小蜂（或中华淡翅盲蝽）载体植物系统，可在稻飞虱发生之前孕育天敌。

（2）种植蜜源植物，保护和利用天敌：蜜源食物对于天敌控害能力的提高具有十分重要的作用，主要表现在延长天敌寿命，提高繁殖力，甚至提高其子代种群的生态适应性。通过在田边种植显花植物或保留开花植物作为蜜源植物，可以为寄生蜂和黑肩绿盲蝽等天敌提供营养，进一步提高其功能，促进天敌对害虫的控制作用。

（3）植物或化学诱集害虫、释放重要天敌，减少害虫种群数量：协调应用诱虫植物、性诱剂和天敌释放技术，有效降低水稻螟虫和稻纵卷叶螟当代成虫及下代幼虫种群数量。二化螟越冬代和主害代、稻纵卷叶螟主害代蛾始见期，集中连片用性诱剂诱杀成虫，降低田间卵量和虫量。筛选、培育适合南方高温高湿气候的当地土著蜂种，于二化螟蛾高峰期和稻纵卷叶螟迁入代蛾高峰期开始释放稻螟赤眼蜂。在水稻生长季，香根草上持续有高密度的螟虫卵供赤眼蜂等卵寄生蜂寄生，也可以作为稻田生态系统的寄生蜂种库，提高水稻螟虫的生物防治效率。

（4）减少氮肥的施用量，降低害虫种群的增长速率：过量施用氮肥可提高水稻害虫的生态适应性，是近年来水稻害虫猖獗的主要原因之一，并且过量的氮肥还削弱天敌对害虫的自然控制作用。根据水稻生长规律和需肥规律，对当地农民的传统施肥习惯进行调节，减少氮肥总量，减少水稻生长前期施氮量，氮肥后移，增施穗肥和粒肥。

（5）调整农药的使用策略，减少化学农药的使用：利用水稻的耐虫性和补偿作用放宽防治指标，水稻生长前期不用或慎用农药。应急防控时选用生物农药、高效低毒低残留、对环境安全的化学农药，将害虫种群数量控制在经济阈值范围之内。

注意事项：

(1) 生态工程技术控制水稻害虫的具体措施要根据当地的实际情况合理安排规划才能达到较好的效果。

(2) 不是任何开花的植物都适合生态工程技术，蜜源植物的选择要建立在生态安全性评价的基础上，原则是蜜源植物要有利于天敌而不利于害虫。如芝麻花可以促进稻虱缨小蜂、蔗虱缨小蜂、黑肩绿盲蝽和螟黄赤眼蜂的控害能力，但对稻纵卷叶螟、二化螟和大螟成虫的寿命和生殖无促进作用。

应用实例：在浙江省金华、宁波、台州、丽水、萧山等地多个试验基地多年的结果表明，生态工程技术对于稻田生态系统的修复作用十分明显，对于水稻害虫的生态控制是可行、高效的，表现为稻田生态系统天敌的物种和数量丰盛度显著高于农民自防区，害虫被控制在较低的发生水平，化学杀虫剂减少使用50%～80%。香根草对二化螟和大螟雌蛾有很强的诱集产卵作用，在香根草上的产卵量分别是水稻上的4.6倍和3.7倍，二化螟和大螟均不能在香根草上完成生活史，无生态风险。多个试点试验表明，调节施肥可有效地提高肥料利用率，氮肥施用量可减少5%～20%，水稻增产5%～10%。同时，稻飞虱、稻纵卷叶螟、纹枯病等田间发生和为害明显减轻。

田埂留草

种植蜜源植物

水稻生态工程示范区

化 学 防 治

科学用药技术

技术原理： 在禁用高毒高残留农药的基础上，提倡科学用药，既要充分发挥化学农药防治病虫害的作用，又要把其不利的影响尽可能地降低到最小限度。

适用范围： 全国稻区。

具体方法：

（1）药剂种类和剂型选择：在应急防控时选用生物农药、高效低毒低残留、对环境安全的化学农药，将害虫种群数量控制在经济阈值范围之内。因此，在推广应用悬浮剂、水乳剂、微乳剂、水分散粒剂等环保安全剂型的基础上，施药时可在药剂中添加有机硅等助剂，提高药液在作物表面的附着和扩散铺展能力，提高农药利用率和防治效果。

（2）减少用药次数：综合考虑水稻品种抗虫和耐虫性（尤其是超级杂交稻）、水稻的补偿作用及天敌资源的保护和利用等因素，科学、合理用药，不能见虫就打药，可以减少不必要的防治。对稻飞虱、螟虫、稻纵卷叶螟等重大害虫，强调放宽分蘖期防治指标，涵养天敌，发挥自然控害作用和植株的补偿能力，降低中、后期害虫暴发概率，重点针对对产量影响大的孕穗期和穗期进行防治。在不同地区，根据不同水稻的抗（耐）虫性和补偿能力以及生育期，修正和完善防治指标，可有效减少用药次数和用药量。

(3) 提高农药利用效率：准确预测预报，适时用药，提高农药使用效率、减少农药使用量，同时加强害虫抗药性的监测。按照杀虫剂作用机制，对农药进行分类，用药期间选择作用机制不同或无交互抗性的药剂轮换使用，避免连续单一使用某种药剂，降低药剂的选择压力，延缓抗性的发展。对于害虫已产生高水平抗性的药剂及交互抗性的药剂，应及时暂停使用。推广应用新型植保器械，提高施药效果并减少劳动量。

(4) 综合集成用药技术：①种苗药剂处理：水稻浸种、拌种和浸苗等处理可以有效防治早期害虫（如蓟马、灰飞虱等）对水稻幼苗的为害，同时还可以防治早期病害的传播，有效减少水稻中后期的农药使用量。②多病虫兼治：多病虫兼治主要在破口至穗期，在稻纵卷叶螟、稻飞虱、纹枯病、稻曲病和稻瘟病混合发生的年份，选择持效期较长的多种药剂进行组合施用，可有效控制多种病虫，达到减少农药使用次数和使用量的目的。

注意事项：

(1) 必须做好农药包装废弃物的回收以减少对环境的影响。

(2) 需要注意提高防治指标不能一概而论，如近年来稻飞虱传播的水稻病毒病（如灰飞虱传播的黑条矮缩病和条纹叶枯病、白背飞虱传播的南方水稻黑条矮缩病）大面积流行时，则需要降低防治指标。

应用实例：

(1) 利用水稻补偿作用：剪叶模拟试验结果表明，当水稻稻株叶面损伤后稻株确实存在一定程度的耐受或补偿能力，尤其是杂交稻组合在营养生长期补偿力较强，常规稻品种次之，粳稻品种较弱（胡国文等，1993）。苗期和分蘖期剪叶

10%～70%均不会影响水稻生长和产量，适当地剪叶反而有增产趋势。在孕穗期剪叶率小于10%时，产量基本不受影响；剪叶率30%时，产量损失小于10%；剪叶率50%时，产量损失20%～25%；苗期和分蘖期剪叶后，叶片中叶绿素含量不变，根系生长和根系活力增强（吴降星等，2013）。在产量定型的水稻成熟期，模拟稻纵卷叶螟为害剪去顶叶50%时产量不受影响（金德锐，1984）。罗盛富（1987）报道二化螟钻蛀为害后会提高稻株的叶绿素含量。由于补偿作用的存在，害虫的防治应根据水稻生长期补偿作用的不同而进行综合考虑，可以减少不必要的防治。

（2）喷雾器械和技术：水田用双船自走式高地隙喷杆喷雾机，根据水稻行距设计轮距，可跨行在水稻行间行走，喷杆长8米，药箱一次可携带100升农药，在行间距适合的水稻田中可完成水稻从幼苗到成熟期全程机械化喷药，作业效率达到0.8公顷/小时，单人操作只要1.5～2分钟即可完成1亩田的喷雾作业；对稻飞虱的防效可达96.82%；对稻纵卷叶螟的防效可达90.4%，有作业效率高、防治效果好的优势（杨进等，2014）。南京农业机械化研究所的研究表明，载重20升农药的农用植保无人机，对稻田稻纵卷叶螟进行防治试验，结果在农药减少40%的前提下仍可以获得与机动喷雾机常规用药剂量下同样的防治效果（薛新宇等，2013）。

（3）综合集成用药技术：①种苗药剂处理：唐涛等（2014）用噻虫嗪不同剂型（70%湿拌种剂、30%悬浮种衣剂）对水稻种子进行包衣浸种处理，出苗率、成苗率有所提高，并对成苗后的水稻秧苗生长具有一定的促进作用。此外，25克/升咯菌腈悬浮种衣剂中加入30%噻虫嗪悬浮种衣剂能有效控制稻蓟马为害。何忠雪等（2012）采用25%吡蚜酮悬浮剂、60%吡虫啉悬浮种衣剂、35%丁硫克百威干拌种剂、70%噻虫嗪水分散粒剂和10%吡虫啉可湿性粉剂进行药剂拌种，结果表明，移栽后7天对白背飞虱的防效为69.54%～92.13%。李国君等（2014）用60%吡虫啉悬浮拌种剂拌种对稻飞虱防治效果显著，播种后25天，防效在74%，播种后35天防效维持在49%。早期对秧苗集中用药同样可以大大减少水稻移栽前期病虫害的影响。②多病虫兼治：董涛海等（2014）通过前期选用阿维·氯苯酰悬浮剂+肟菌·戊唑醇水分散粒剂+噻嗪酮可湿性粉剂组合，后期选用肟菌·戊唑醇+吡蚜酮+毒死蜱组合，采用“一喷多防”“一药多用”措施，单季稻重大病虫害得到有效控制，比当地农户常规用药区减少防治次数3次、农药折百纯量下降65.7%，前期蓟马减少45%，中后期对稻纵卷叶螟的防效达82%，二化螟防效达94%，褐飞虱防效达88%，此外每公顷增产580.5千克，综合效益显著。徐南昌等（2015）采用噻虫嗪+咯菌腈浸种，“送嫁药”用氯虫·噻虫嗪，破口抽穗期用阿维·氯苯酰+苯甲·嘧菌酯+吡蚜酮的组合，比常规农户用药减少施药次数3次，农药减量达到83.3%，前中期飞虱防效提高2%，后期提高2.9%，稻纵卷叶螟防效提高6.9%，水稻纹枯病防效提高2.4%，稻曲病防效提高82.7%。

药前调查和测定风速风向

雾滴测试

无人机施药和人工喷药

附录1　水稻病虫害绿色防控月历（以长江中下游水稻生长季为例）

<table>
<tr><th colspan="2" rowspan="2">时间</th><th>3月</th><th colspan="3">4月</th><th colspan="3">5月</th><th colspan="3">6月</th><th colspan="3">7月</th><th colspan="3">8月</th><th colspan="3">9月</th><th colspan="3">10月</th></tr>
<tr><th>下旬</th><th>上旬</th><th>中旬</th><th>下旬</th><th>上旬</th><th>中旬</th><th>下旬</th><th>上旬</th><th>中旬</th><th>下旬</th><th>上旬</th><th>中旬</th><th>下旬</th><th>上旬</th><th>中旬</th><th>下旬</th><th>上旬</th><th>中旬</th><th>下旬</th><th>上旬</th><th>中旬</th><th>下旬</th></tr>
<tr><td rowspan="3">水稻生育期</td><td>早稻</td><td>准备</td><td colspan="3">苗期</td><td colspan="3">分蘖期</td><td colspan="3">拔节期</td><td colspan="3">穗期</td><td colspan="9"></td></tr>
<tr><td>连作晚稻</td><td colspan="7"></td><td>准备</td><td colspan="5">苗期</td><td colspan="3">分蘖期</td><td colspan="3">拔节期</td><td colspan="3">穗期</td></tr>
<tr><td>单季晚稻</td><td colspan="4"></td><td>准备</td><td colspan="4">苗期</td><td colspan="4">分蘖期</td><td colspan="3">拔节期</td><td colspan="6">穗期</td></tr>
<tr><td rowspan="7">水稻主要病虫害发生与防治时期</td><td>二化螟</td><td colspan="6"></td><td colspan="2">二化螟</td><td colspan="3"></td><td colspan="2">二化螟</td><td colspan="2"></td><td colspan="2">二化螟</td><td colspan="5"></td></tr>
<tr><td>稻纵卷叶螟</td><td colspan="12"></td><td colspan="6">稻纵卷叶螟</td><td colspan="4"></td></tr>
<tr><td>稻飞虱</td><td colspan="5"></td><td colspan="2">白背飞虱</td><td colspan="4"></td><td colspan="2">白背飞虱</td><td colspan="8">褐飞虱</td><td></td></tr>
<tr><td>纹枯病</td><td colspan="13"></td><td colspan="6">纹枯病</td><td colspan="3"></td></tr>
<tr><td>细菌性病害</td><td colspan="6"></td><td colspan="3">基腐病、白叶枯病</td><td colspan="3"></td><td colspan="4">基腐病、白叶枯病</td><td colspan="6"></td></tr>
<tr><td>稻瘟病</td><td colspan="6"></td><td colspan="3">稻瘟病</td><td colspan="5"></td><td colspan="4">稻瘟病</td><td colspan="4"></td></tr>
<tr><td>稻曲病/穗腐病</td><td colspan="13"></td><td colspan="4">稻曲病、穗腐病</td><td colspan="4">穗腐病</td><td></td></tr>
</table>

（续）

<table>
<tr><th colspan="2" rowspan="2">时间</th><th>3月</th><th colspan="3">4月</th><th colspan="3">5月</th><th colspan="3">6月</th><th colspan="3">7月</th><th colspan="3">8月</th><th colspan="3">9月</th><th colspan="3">10月</th></tr>
<tr><th>下旬</th><th>上旬</th><th>中旬</th><th>下旬</th><th>上旬</th><th>中旬</th><th>下旬</th><th>上旬</th><th>中旬</th><th>下旬</th><th>上旬</th><th>中旬</th><th>下旬</th><th>上旬</th><th>中旬</th><th>下旬</th><th>上旬</th><th>中旬</th><th>下旬</th><th>上旬</th><th>中旬</th><th>下旬</th></tr>
<tr><td rowspan="11">绿色防控技术</td><td>隔离育秧</td><td colspan="5"></td><td colspan="8">灰飞虱发生地区覆盖无纺布防虫网隔离育秧</td><td colspan="9"></td></tr>
<tr><td>灌水杀蛹</td><td colspan="4">越冬代灌水灭蛹</td><td colspan="18">水稻生长期，在一代二化螟化蛹初期先排干田水或灌浅水，降低化蛹部位，然后灌水9～12厘米深，保持3～5天，可使蛹窒息死亡</td></tr>
<tr><td>种养结合</td><td colspan="4"></td><td colspan="18">水稻抛秧15天、移栽2天以上放鸭入田，大鸭一般为每亩15羽左右，幼鸭可根据情况适当增加</td></tr>
<tr><td>减肥控害</td><td colspan="4">制订施肥方案</td><td colspan="18">根据施肥方案执行，注意水分管理</td></tr>
<tr><td>灯光诱杀</td><td colspan="4">安装准备</td><td colspan="18">根据田间水稻害虫成虫发生情况适时开灯，一般傍晚 19 时开灯，晚上 24 时关灯</td></tr>
<tr><td>性信息素诱杀</td><td colspan="4">准备</td><td colspan="18">害虫羽化前期开始设置，一般每亩1～2个，定时更换诱芯</td></tr>
<tr><td>香根草诱杀</td><td colspan="7">种植香根草，深挖浅栽，丛间距3～5米</td><td colspan="15">后期注意追肥，植株过高时进行适度剪割</td></tr>
<tr><td>人工释放赤眼蜂</td><td colspan="4">水稻害虫预测预报</td><td colspan="18">于二化螟、大螟羽化高峰期或稻纵卷叶螟迁入代蛾高峰期开始释放赤眼蜂，每代3次，间隔5天释放1次，每次0.8万～1万头/亩</td></tr>
<tr><td>生物农药使用</td><td colspan="4"></td><td colspan="18">根据害虫选择合适的生物农药进行防治，保护天敌</td></tr>
<tr><td rowspan="2">生态工程控制水稻害虫</td><td colspan="7">种植蜜源植物</td><td colspan="3"></td><td colspan="6">种植芝麻</td><td colspan="6"></td></tr>
<tr><td colspan="22">田间合理布局，增加稻田生物多样性：种植绿肥植物、田埂留草(花)等栖境植物，插花种植茭白、田边种植秕谷草等储蓄植物，田埂种植芝麻等蜜源植物</td></tr>
</table>

附录2 水稻主要病虫害科学用药技术（以长江中下游水稻生长季为例）

主要病虫	二化螟	稻纵卷叶螟	稻飞虱（白背飞虱、褐飞虱）	水稻纹枯病	水稻细菌性病害（白叶枯病、细菌性基腐病）	稻瘟病	稻曲病	穗腐病
科学用药技术	本地越冬，一年发生3～4代。防治指标：分蘖期，于枯鞘丛率达到8%～10%或枯鞘株率3%时用药。 防治适期：卵孵高峰至二龄幼虫期，应用生物农药应适当提前。穗期重点防治上代残虫量大、当代螟卵盛孵期与水稻破口抽穗期相吻合的稻田。 防治药剂：苏云金杆菌(Bt)、杀螟杆菌或白僵菌制剂，氯虫苯甲酰胺（高抗地区慎用）、乙多·甲氧虫、阿维·甲虫肼等	迁飞性害虫，一年发生5～6代。 防治指标：分蘖期百丛水稻束叶尖150个，孕穗后百丛水稻束叶尖60个。 防治适期：卵孵化至一至二龄幼虫高峰期或初见束叶时。 防治药剂：甘蓝夜蛾核型多角体病毒、氯虫苯甲酰胺、四氯虫酰胺、茚虫威、阿维·抑食肼等	迁飞性害虫，一年发生5～6代。防治指标：重点在水稻生长中后期，孕穗期百丛虫量1 000头、穗期百丛虫量1 500头以上。 防治适期：稻飞虱低龄若虫高峰期。 防治药剂：种子处理选用吡虫啉、噻虫嗪拌种或浸种，防治稻飞虱，预防水稻病毒病，兼治蓟马；大田防治白背飞虱选用高含量的吡虫啉、噻虫嗪，防治褐飞虱选用吡蚜酮+烯啶虫胺、呋虫胺、三氟苯嘧啶等	真菌性病害。 防治适期：分蘖末期至齐穗期。 防治药剂：噻呋酰胺、苯甲·丙环唑、苯甲·嘧菌酯、肟菌·戊唑醇、噻呋·嘧苷素、井冈霉素、井·蜡芽等	淹水、漫灌，特别是暴风雨造成稻叶大量伤口，有利于发病。 防治适期：发现发病中心，应及时施药防治，大风雨后受淹稻田要喷药保护。 防治药剂：噻菌铜、噻唑锌、噻森铜、噻霉酮、中生菌素等	真菌性病害。 防治适期：防治叶瘟，发现发病中心要立即用药；预防穗瘟在孕穗末期至破口期施药，如遇连续阴雨天气，应在齐穗期再用药一次。 防治药剂：防治叶瘟可用春雷霉素+稻瘟灵；预防穗瘟可用三环唑、稻瘟灵、吡唑醚菌酯等	真菌性病害。籼粳杂交品种发病重。抽穗前后遇多雨、适温易发病。 防治适期：籼粳杂交品种10%、常规粳稻70%的剑叶与倒二叶叶枕平时用药。 防治药剂：可用苯甲·丙环唑、苯甲·嘧菌酯、氟环唑、咪铜·氟环唑、肟菌·戊唑醇、戊唑·嘧菌酯等	真菌性病害。粳稻和籼粳杂交稻较易感病。抽穗前后遇多雨、适温易发病。 防治适期：在水稻始穗前5～7天及破口期至齐穗期各打一次药。 防治药剂：三唑酮、咪鲜胺、多菌灵、苯甲·丙环唑、甲基硫菌灵、肟菌·戊唑醇等

参考文献

陈桂华，朱平阳，郑许松，等，2016. 应用生态工程控制水稻害虫技术在金华的实践. 中国植保导刊，36(1): 31-36.

陈俊华，熊建伟，史洪中，等，2015. 频振式杀虫灯对信阳稻区水稻害虫的控制作用. 河南农业科学，44(3): 93-96.

陈生斗，胡伯海，2003. 中国植物保护五十年. 北京: 中国农业出版社.

郭荣，2011. 我国生物农药的推广应用现状及发展策略. 中国生物防治学报，27(1): 124-127.

郭荣，韩梅，束放，2013. 减少稻田用药的病虫害绿色防控策略与措施. 中国植保导刊，33(10): 38-41.

郝中娜，张红志，朱旭东，等，2006. 浙江省水稻新品种（系）对稻瘟病和白叶枯病的抗性评价. 浙江农业科学，5: 565-567.

黄看治，2010. 水稻白叶枯病与细菌性条斑病的区别与防治. 福建农业 (4): 32.

黄世文，王玲，刘恩勇，等，2012. 水稻穗腐病研究. 中国水稻科学，26(3) : 341-350.

刘龙生，彭云良，曾良贵，等，2013. 性诱剂在水稻二化螟及稻纵卷叶螟防治中的应用. 湖南农业科学 (20):25-27.

全国农业技术推广服务中心，2011. 农作物病虫害专业化统防统治手册. 北京: 中国农业出版社.

陶荣祥，陈建明，廖琴，2006. 水稻病虫害田间手册--病虫害鉴别与抗性鉴定. 北京: 中国农业科学技术出版社.

王华弟，2005. 粮食作物病虫害测报与防治. 北京: 中国科学技术出版社.

张帅，邵振润，沈晋良，等，2011. 加强水稻主要病虫科学用药防控的原则和措施. 农药，50(11): 855-857.

郑许松，徐红星，陈桂华，等，2009. 苏丹草和香根草作为诱虫植物对稻田二化螟种群的抑制作用评估. 中国生物防治，4: 299-303.

中国农业科学院植物保护研究所，中国植物保护学会，2015. 中国农作物病虫害 . 3 版 . 北京：中国农业出版社 .

HUANG S W, WANG L, LIU L M, et al., 2011. Rice spikelet rot disease in China 1. Characterization of fungi associated with the disease. Crop Protection, 30(1): 1-9.

LU Z X, ZHU P Y, GURR G M, et al., 2014. Mechanisms for flowering plants to benefit arthropod natural enemies of insect pests: prospects for enhanced use in agriculture. Insect Science, 21: 1-12.

SHAHJAHAN A K M, RUSH M C, GROTH D, et a1., 2002. Panicle blight recent research points to a bacterial cause. Rice Journal, 103: 26-28.

TULLIS E C, 1936. Fungi isolated from discolored rice kernels. USDA Technology Bulletin, 540: 11.

URAKAMI T, ITO YOSHIDA C, ARAKI H, et al.,1994. Transfer of *Pseudomonas plantarii* and *Pseudomonas glumae* to *Burkholderia* as *Burkholderia* spp. and description of *Burkholderia* vandii sp. nov. International Journal of Systematic Microbiolgy, 44: 235-245.

ZHENG X S, LU Y H, ZHU P Y, et al., 2017. Use of banker plant system for sustainable management of the most important insect pest in rice field in China.Scientific Reports, 7: 45581.

ZHU P Y, GURR G M, LU Z X, et al., 2013. Laboratory screening supports the selection of sesame (*Sesamum indicum*) to enhance *Anagrus* spp. *parasitoids* (Hymenoptera: Mymaridae) of rice planthoppers. Biological Control, 64: 83-89.

ZHU P, WANG G, ZHENG X, et al., 2015. Selective enhancement of parasitoids of rice Lepidoptera pests by sesame (*Sesamum indicum*) flowers. BioControl, 60(2): 157-167.

图书在版编目（CIP）数据

水稻病虫害绿色防控彩色图谱/吕仲贤主编．—北京：中国农业出版社，2020.6（2021.11重印）
ISBN 978-7-109-26440-3

Ⅰ.①水… Ⅱ.①吕… Ⅲ.①水稻–病虫害防治–图谱 Ⅳ.①S435.11-64

中国版本图书馆CIP数据核字（2020）第020043号

SHUIDAO BINGCHONGHAI LÜSE FANGKONG CAISE TUPU

中国农业出版社出版
地址：北京市朝阳区麦子店街18号楼
邮编：100125
责任编辑：阎莎莎
版式设计：王 晨　　责任校对：吴丽婷
印刷：中农印务有限公司
版次：2020年6月第1版
印次：2021年11月北京第3次印刷
发行：新华书店北京发行所
开本：880mm × 1230mm　1/32
印张：3.25
字数：81千字
定价：28.00元